中国通信学会
CHINA INSTITUTE OF COMMUNICATIONS

中国通信学会普及与教育工作委员会 推荐

月面反射通信

Earth-Moon-Earth Communication

通过月球对话

李景春 郝才勇 主编

人民邮电出版社
北京

图书在版编目（CIP）数据

月面反射通信 / 李景春，郝才勇主编. -- 北京 : 人民邮电出版社，2021.6
（无线电科普丛书）
ISBN 978-7-115-55569-4

Ⅰ. ①月… Ⅱ. ①李… ②郝… Ⅲ. ①无线电通信 Ⅳ. ①TN92

中国版本图书馆CIP数据核字(2021)第075744号

内 容 提 要

月面反射（EME）通信是一项具有悠久历史的无线电通信方式。该通信方式涉及通信、天文学、电子制作等多领域的知识，非常适合作为青少年科普实践项目。

月面反射通信作为业余无线电中的传统活动，入门简单，但想要玩得精通却较为困难，有一定挑战性，多年来受到广大业余无线电爱好者和青少年的追捧。本书通过介绍业余无线电活动、与月面反射通信相关的天文知识、电波传播、EME 通信系统、EME 通信制式、EME 通联等理论及其实操内容，向读者展现月面反射通信的魅力。通过阅读本书，读者会对月面反射通信有相对全面的了解，并且可以根据书中的内容，自行搭建、调试通信设备，完成月面反射通信，感受通过月球“对话”的乐趣。

本书主要面向青少年科技爱好者和业余无线电发烧友。本书可作为学校无线电兴趣小组、课外培训、研学项目等的业余无线电课程的参考用书。

◆ 主　　编　李景春　郝才勇
责任编辑　周　明
责任印制　陈　犇
◆ 人民邮电出版社出版发行　北京市丰台区成寿寺路 11 号
邮编　100164　电子邮件　315@ptpress.com.cn
网址　https://www.ptpress.com.cn
北京瑞禾彩色印刷有限公司印刷
◆ 开本：690×970　1/16
印张：8　　2021 年 6 月第 1 版
字数：85 千字　　2021 年 6 月北京第 1 次印刷

定价：79.80 元

读者服务热线：(010)81055493　印装质量热线：(010)81055316
反盗版热线：(010)81055315
广告经营许可证：京东市监广登字 20170147 号

编委会

序

“无线电科普”丛书是由国家无线电监测中心编写的。他们对无线电监测技术和无线电频谱管理业务的了解，使得该丛书无论从技术方面还是从管理方面都更有分量。

今年恰逢中国共产党成立100周年，红色电波记录着我党通信尖兵们在革命战争年代和新中国成立后的重要贡献。1941年，毛泽东主席为《通信战士》题词“你们是科学的千里眼顺风耳”，高度概括了通信的功能和重要作用。从习近平总书记在1994年担任福建省委常委、福州市委书记时提出“发展经济，通信先行”，到2015年党的十八届五中全会擘画建设“网络强国”的宏伟蓝图，通信的重要性可见一斑。

从落后到领先，我国通信网络规模现在是全球之首，互联网普及率超过全球平均水平，推动了全球信息化的进程。从追赶到领跑，我国通信技术创新勇立全球潮头，越来越多的中国标准正逐渐成为世界标准。通信网络的发展，已经从制约国民经济的瓶颈，迅速成长为带动科技发展、提升经济运行效率和人民生活水平的新引擎。

如果说信息通信是经济社会发展的“大动脉”，那么无线电无疑是强劲“大动脉”的重要先导力量。在人类社会信息化不断推进的过程中，无线电波成为实现信息即时传播和无所不在的重要的甚至是不可替代的载体，是促进我国经济社会发展、守护国家安全，乃至实现可持续发展目标的无形利器。

无线电这么重要，它偏偏又是无形的、神秘的，看不见也摸不到。怎么能让普罗大众，尤其是青少年朋友们认识它、了解它，并对它产生兴趣，自然就得在科普工作上多下点功夫。2016 年 5 月 30 日，习近平总书记在全国科技创新大会、中国科学院第十八次院士大会和中国工程院第十三次院士大会、中国科学技术协会第九次全国代表大会上强调：科技创新、科学普及是实现创新发展的两翼。“科普之翼”的重要性不言而喻，正所谓“授人以鱼，不如授人以渔”。但要写出通俗易懂且不失科学严谨性的科普读物，其难度不亚于研究探索与产品开发。根深才能叶茂，深入才能浅出。这个比喻很形象，我们一听就能悟到科普工作有多重要。如果能给外行人讲明白了，科普才算到位了；如果没讲明白，那还得再往深里学，往透里讲。当然，这对于我们搞技术的人而言并不容易，知难而上才更值得赞赏。小朋友的事从来都不是小事，为一颗小种子植入大梦想，我们要始终放在心上，因为科技梦和中国梦紧密相连，这是一项长期任务，要久久为功。

国家无线电监测中心编写了“无线电科普”丛书，为普及无线电技术与做好无线电资源管理做了很有意义的工作，该丛书不仅是科普读物，也是信息技术工作者有价值的参考书。在国家无线电监测中心“无线电科普”丛书出版之际，谨以此为序，并表示祝贺。

中国工程院院士 邬贺铨

2021 年 2 月 18 日

前言

月面反射通信利用月球当作反射面实现双向无线电通信，常被视为终极远程无线电通信，是业余无线电研究的热点内容。

在过去的几十年里，人们通过试验验证了月面反射通信的可行性，并通过新技术不断提升月面反射通信的性能，但国内尚没有系统介绍该方面内容的著作。为此，国家无线电监测中心月面反射通信研究组在做了大量试验的基础上，密切跟踪国际无线电通信技术最新趋势编写了本书。本书内容包括月面反射通信发展历程、工作原理、通信信号制式，以及工程实现等，旨在深入浅出、系统全面地介绍月面反射通信的相关技术，普及业余无线电的基础知识。

新时代、新担当、新作为，国家无线电监测中心在深耕无线电业务技术工作的同时，始终把普及科学知识、弘扬科学精神、传播科学思想、倡导科学方法作为义不容辞的责任。希望本书的出版能够点燃读者对业余无线电兴趣的星星之火，研究无线电新技术应用场景，激发探索科学的热情；抑或培养科学思想、树立创新精神、提高实践能力，继而投身科技、矢志强国，成为无线电和其他科技领域的关注者、参与者、引领者，为推动人类征战更广阔的星辰大海贡献更多中国智慧，不断刷新探索太空的中国高度。

本书由李景春、郝才勇主编，其余 16 位编者共同编写完成。其中

第 1 章由郝才勇、陈棋、钱肇钧编写，第 2 章由刘明星、王敬焘编写，第 3 章由李安平、王孟、张烨、赵哲编写，第 4 章由周凯、陈京、赵甫胤、薛静静、房之军、郑高哲编写，第 5 章由张学玲、唱亮编写，第 6 章由郑高哲、刘明星、张学玲编写。由于目前月面反射通信的相关参考资料较少，加之编者水平有限，书中难免存在疏漏和不足，恳请广大读者提出宝贵意见。

国家无线电监测中心月面反射通信研究组

2020 年 11 月 17 日

目录

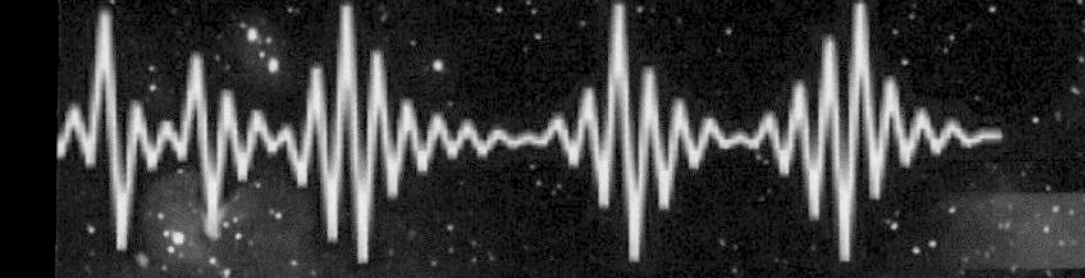

第 1 章 月面反射（EME）通信概述

2020 年 5 月 5 日是第 80 个“五・五”中国业余无线电节。自 1940 年起，每年的 5 月 5 日都是我国业余无线电爱好者的节日，全国业余无线电爱好者会以各种方式开展一系列纪念活动。

业余无线电用最贴近人们生活、最有趣的方式，将通信技术带入到人们的日常生活中。在紧急情况下，业余无线电还可为公众提供有效的通信保障，极大地推动了科学、经济、教育和社会服务等领域的发展。其中，月面反射通信由于对无线电技术、通信收发设备、无线电知识和实际操作经验有较高要求，非常具有挑战性，常被称为是业余无线电通信的“明珠”，也吸引着全球无线电爱好者关注。

1.1 “五・五”节的由来

在抗日战争时期，前线急需无线电通信技术人员，一些业余无线电爱好者（又称为 HAM）奔赴抗日前线。另外，以中华业余无线电社（CRC）为基础，组成了“业余无线电人员战时服务团”，发动、组织业余无线电爱好者积极投身于抗日通信服务工作。因为战时各方面条件极为艰难且交通不便，各地业余无线电爱好者们热切希望有个交流情况及斗争经验的机会，于是业余无线电爱好者们想出了利用手中的电台举行空中聚会。在 1940 年 5 月 5 日，业余无线电爱好者们通过电波召开了“空中”大会，以显示民族团结和坚持抗日的决心，并商议决定将每年的 5 月 5 日定为“中国业余无线电节”，即“五 · 五”节。在艰苦的抗战岁月里，“五 · 五”节空中纪念活动每年都按时举行，从未间断。

1.2 多姿多彩的业余无线电通信

自 1901 年意大利的无线电爱好者伽利尔摩 · 马可尼（Guglielmo Marconi，见图 1.1）发明无线电报以来，无线电技术飞速发展，且从来就没有停止前进的步伐。从早期的军用雷达、电报，到后来人们熟

图 1.1　伽利尔摩 · 马可尼

知的短波、超短波通信、广播电视、卫星导航、Wi-Fi 无线网，以及当前的 5G 通信、物联网、卫星互联网、天地一体化通信等应用，都离不开无线电通信技术。可以说，无线电通信技术已经进入人们日常生产生活的方方面面，为满足人民群众日益增长的物质文化需要发挥着不可替代的作用。

作为无线电应用的分支，业余无线电通信也伴随着无线电技术的发展一同成长。广大业余无线电爱好者在推动无线电通信技术的发展、研究和创新方面做出了巨大的贡献。早在 1914 年，单边带传输理论发明后，业余无线电爱好者就立即对其进行试验，验证了单边带通信技术的实际应用效果。1923 年，HAM 利用法国和美国的几个业余无线电台，使用当时被认为无用的短波频段开展实验，成功实现跨大西洋与欧洲的无线电通联，开创了短波远程无线电通信的先河，为全球短波广播和通信奠定了基础。我国的业余无线电活动起步于 20 世纪 20 年代后期的万国业余无线电上海分会（IARAC），抗日战争爆发后，业余无线电爱好者利用其技术特长为抗日战争胜利做出了突出贡献。

业余无线电是一种具有技术含量的业余爱好，以“体谅、忠诚、进取、友爱、适度、爱国”为准则，以最贴近人们生活的方式，将通信技术带入到人们的日常生活中。业余无线电活动发展至今，内容丰富多彩、形式多种多样，通过业余无线电爱好者的积极参与，业余无线电台活动不但为国家培养了大量肯钻研、能动手的无线电和电子技术人才，而且极大地推动了无线电技术在科学、经济、教育和社会服务等领域的应用探索。业余无线电活动的内容如表 1.1 所示。

表 1.1　业余无线电活动的内容

常规通联	业余无线电爱好者使用业余电台进行通信，交换必要的信息，也可以讨论技术
业余无线电应急通信	业余无线电爱好者自行完成天线架设和电台设置，在灾害发生时迅速建立联络
无线电竞赛	个人或团队在特定时间内在尽量多的频段上寻找尽可能多的电台，并建立通联
技术研究	开展对业余通信装备改进、传播模型和通信模式仿真等技术研究，包括 QRP 小功率通信研究、VHF/UHF 通信研究、月面反射通信（EME）和流星余迹通信等
青少年无线电知识科普	向青少年宣传、普及无线电科学及法律相关知识，提升青少年对无线电频谱资源的保护意识，提高青少年对无线电的认知和兴趣

为了支持业余无线电活动的开展，大多数国家和地区都在 130kHz~250GHz 频段为业余无线电业务划分了专用频段，提供频率保障，供业余无线电爱好者进行自我训练、相互通联和技术研究。业余无线电爱好者是指经主管部门正式批准的、对无线电技术有兴趣的人，其兴趣纯属个人爱好，其活动不涉及谋取商业利润。其使用的电台称为业余无线电台（Amateur Radio），俗称“火腿电台”（HAM Radio），指经过国家主管部门正式批准，用于业余无线电通信业务的电台。业余无线电通信技术多种多样，从通信内容上可分为语音模式、图像模式、无线电报和数字通信等；从调制方式方面可分为模拟调制（如 SSB、FM 等）和数字调制（如 RTTY、PACKET、C4FM 等）；

中国通信学会
CHINA INSTITUTE
OF COMMUNICATIONS

中国通信学会普及与教育工作委员会 推荐

月面反射通信

Earth-Moon-Earth
Communication

通过月球对话

李景春 郝才勇 主编

人民邮电出版社
北京

图书在版编目（CIP）数据

月面反射通信 / 李景春，郝才勇主编. -- 北京 :
人民邮电出版社，2021.6
（无线电科普丛书）
ISBN 978-7-115-55569-4

Ⅰ. ①月… Ⅱ. ①李… ②郝… Ⅲ. ①无线电通信
Ⅳ. ①TN92

中国版本图书馆CIP数据核字(2021)第075744号

内 容 提 要

月面反射（EME）通信是一项具有悠久历史的无线电通信方式。该通信方式涉及通信、天文学、电子制作等多领域的知识，非常适合作为青少年科普实践项目。

月面反射通信作为业余无线电中的传统活动，入门简单，但想要玩得精通却较为困难，有一定挑战性，多年来受到广大业余无线电爱好者和青少年的追捧。本书通过介绍业余无线电活动、与月面反射通信相关的天文知识、电波传播、EME 通信系统、EME 通信制式、EME 通联等理论及其实操内容，向读者展现月面反射通信的魅力。通过阅读本书，读者会对月面反射通信有相对全面的了解，并且可以根据书中的内容，自行搭建、调试通信设备，完成月面反射通信，感受通过月球“对话”的乐趣。

本书主要面向青少年科技爱好者和业余无线电发烧友。本书可作为学校无线电兴趣小组、课外培训、研学项目等的业余无线电课程的参考用书。

◆ 主　　编　李景春　郝才勇
　责任编辑　周　明
　责任印制　陈　犇
◆ 人民邮电出版社出版发行　　北京市丰台区成寿寺路 11 号
　邮编　100164　　电子邮件　315@ptpress.com.cn
　网址　https://www.ptpress.com.cn
　北京瑞禾彩色印刷有限公司印刷
◆ 开本：690×970　1/16
　印张：8　　　　　　　2021 年 6 月第 1 版
　字数：85 千字　　　　2021 年 6 月北京第 1 次印刷

定价：79.80 元

读者服务热线：(010)81055493　印装质量热线：(010)81055316
反盗版热线：(010)81055315
广告经营许可证：京东市监广登字 20170147 号

编委会

序

“无线电科普”丛书是由国家无线电监测中心编写的。他们对无线电监测技术和无线电频谱管理业务的了解，使得该丛书无论从技术方面还是从管理方面都更有分量。

今年恰逢中国共产党成立100周年，红色电波记录着我党通信尖兵们在革命战争年代和新中国成立后的重要贡献。1941年，毛泽东主席为《通信战士》题词“你们是科学的千里眼顺风耳”，高度概括了通信的功能和重要作用。从习近平总书记在1994年担任福建省委常委、福州市委书记时提出“发展经济，通信先行”，到2015年党的十八届五中全会擘画建设“网络强国”的宏伟蓝图，通信的重要性可见一斑。

从落后到领先，我国通信网络规模现在是全球之首，互联网普及率超过全球平均水平，推动了全球信息化的进程。从追赶到领跑，我国通信技术创新勇立全球潮头，越来越多的中国标准正逐渐成为世界标准。通信网络的发展，已经从制约国民经济的瓶颈，迅速成长为带动科技发展、提升经济运行效率和人民生活水平的新引擎。

如果说信息通信是经济社会发展的“大动脉”，那么无线电无疑是强劲“大动脉”的重要先导力量。在人类社会信息化不断推进的过程中，无线电波成为实现信息即时传播和无所不在的重要的甚至是不可替代的载体，是促进我国经济社会发展、守护国家安全，乃至实现可持续发展目标的无形利器。

无线电这么重要，它偏偏又是无形的、神秘的，看不见也摸不到。怎么能让普罗大众，尤其是青少年朋友们认识它、了解它，并对它产生兴趣，自然就得在科普工作上多下点功夫。2016 年 5 月 30 日，习近平总书记在全国科技创新大会、中国科学院第十八次院士大会和中国工程院第十三次院士大会、中国科学技术协会第九次全国代表大会上强调：科技创新、科学普及是实现创新发展的两翼。“科普之翼”的重要性不言而喻，正所谓“授人以鱼，不如授人以渔”。但要写出通俗易懂且不失科学严谨性的科普读物，其难度不亚于研究探索与产品开发。根深才能叶茂，深入才能浅出。这个比喻很形象，我们一听就能悟到科普工作有多重要。如果能给外行人讲明白了，科普才算到位了；如果没讲明白，那还得再往深里学，往透里讲。当然，这对于我们搞技术的人而言并不容易，知难而上才更值得赞赏。小朋友的事从来都不是小事，为一颗小种子植入大梦想，我们要始终放在心上，因为科技梦和中国梦紧密相连，这是一项长期任务，要久久为功。

国家无线电监测中心编写了“无线电科普”丛书，为普及无线电技术与做好无线电资源管理做了很有意义的工作，该丛书不仅是科普读物，也是信息技术工作者有价值的参考书。在国家无线电监测中心“无线电科普”丛书出版之际，谨以此为序，并表示祝贺。

中国工程院院士 邬贺铨

2021 年 2 月 18 日

前言

月面反射通信利用月球当作反射面实现双向无线电通信，常被视为终极远程无线电通信，是业余无线电研究的热点内容。

在过去的几十年里，人们通过试验验证了月面反射通信的可行性，并通过新技术不断提升月面反射通信的性能，但国内尚没有系统介绍该方面内容的著作。为此，国家无线电监测中心月面反射通信研究组在做了大量试验的基础上，密切跟踪国际无线电通信技术最新趋势编写了本书。本书内容包括月面反射通信发展历程、工作原理、通信信号制式，以及工程实现等，旨在深入浅出、系统全面地介绍月面反射通信的相关技术，普及业余无线电的基础知识。

新时代、新担当、新作为，国家无线电监测中心在深耕无线电业务技术工作的同时，始终把普及科学知识、弘扬科学精神、传播科学思想、倡导科学方法作为义不容辞的责任。希望本书的出版能够点燃读者对业余无线电兴趣的星星之火，研究无线电新技术应用场景，激发探索科学的热情；抑或培养科学思想、树立创新精神、提高实践能力，继而投身科技、矢志强国，成为无线电和其他科技领域的关注者、参与者、引领者，为推动人类征战更广阔的星辰大海贡献更多中国智慧，不断刷新探索太空的中国高度。

本书由李景春、郝才勇主编，其余 16 位编者共同编写完成。其中

第 1 章由郝才勇、陈棋、钱肇钧编写，第 2 章由刘明星、王敬焘编写，第 3 章由李安平、王孟、张烨、赵哲编写，第 4 章由周凯、陈京、赵甫胤、薛静静、房之军、郑高哲编写，第 5 章由张学玲、唱亮编写，第 6 章由郑高哲、刘明星、张学玲编写。由于目前月面反射通信的相关参考资料较少，加之编者水平有限，书中难免存在疏漏和不足，恳请广大读者提出宝贵意见。

国家无线电监测中心月面反射通信研究组

2020 年 11 月 17 日

目录

第 1 章 月面反射（EME）通信概述

2020 年 5 月 5 日是第 80 个“五 · 五”中国业余无线电节。自 1940 年起，每年的 5 月 5 日都是我国业余无线电爱好者的节日，全国业余无线电爱好者会以各种方式开展一系列纪念活动。

业余无线电用最贴近人们生活、最有趣的方式，将通信技术带入到人们的日常生活中。在紧急情况下，业余无线电还可为公众提供有效的通信保障，极大地推动了科学、经济、教育和社会服务等领域的发展。其中，月面反射通信由于对无线电技术、通信收发设备、无线电知识和实际操作经验有较高要求，非常具有挑战性，常被称为是业余无线电通信的“明珠”，也吸引着全球无线电爱好者关注。

1.1 “五 · 五”节的由来

在抗日战争时期，前线急需无线电通信技术人员，一些业余无线电爱好者（又称为 HAM）奔赴抗日前线。另外，以中华业余无线电社（CRC）为基础，组成了“业余无线电人员战时服务团”，发动、组织业余无线电爱好者积极投身于抗日通信服务工作。因为战时各方面条件极为艰难且交通不便，各地业余无线电爱好者们热切希望有个交流情况及斗争经验的机会，于是业余无线电爱好者们想出了利用手中的电台举行空中聚会。在 1940 年 5 月 5 日，业余无线电爱好者们通过电波召开了“空中”大会，以显示民族团结和坚持抗日的决心，并商议决定将每年的 5 月 5 日定为“中国业余无线电节”，即“五・五”节。在艰苦的抗战岁月里，“五・五”节空中纪念活动每年都按时举行，从未间断。

1.2 多姿多彩的业余无线电通信

自 1901 年意大利的无线电爱好者伽利尔摩・马可尼（Guglielmo Marconi，见图 1.1）发明无线电报以来，无线电技术飞速发展，且从来就没有停止前进的步伐。从早期的军用雷达、电报，到后来人们熟

图 1.1　伽利尔摩・马可尼

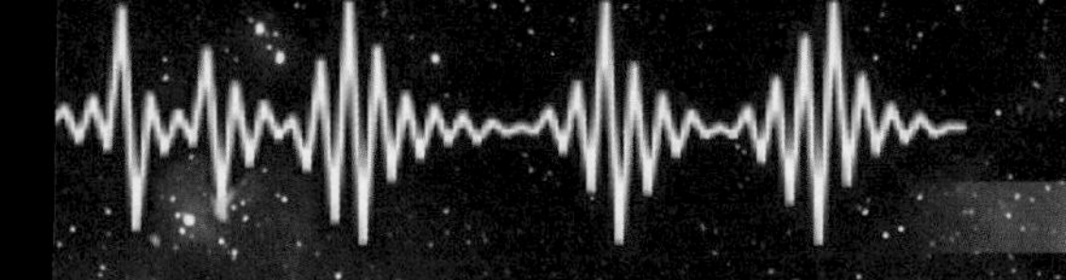

知的短波、超短波通信、广播电视、卫星导航、Wi-Fi 无线网，以及当前的 5G 通信、物联网、卫星互联网、天地一体化通信等应用，都离不开无线电通信技术。可以说，无线电通信技术已经进入人们日常生产生活的方方面面，为满足人民群众日益增长的物质文化需要发挥着不可替代的作用。

作为无线电应用的分支，业余无线电通信也伴随着无线电技术的发展一同成长。广大业余无线电爱好者在推动无线电通信技术的发展、研究和创新方面做出了巨大的贡献。早在 1914 年，单边带传输理论发明后，业余无线电爱好者就立即对其进行试验，验证了单边带通信技术的实际应用效果。1923 年，HAM 利用法国和美国的几个业余无线电台，使用当时被认为无用的短波频段开展实验，成功实现跨大西洋与欧洲的无线电通联，开创了短波远程无线电通信的先河，为全球短波广播和通信奠定了基础。我国的业余无线电活动起步于 20 世纪 20 年代后期的万国业余无线电上海分会（IARAC），抗日战争爆发后，业余无线电爱好者利用其技术特长为抗日战争胜利做出了突出贡献。

业余无线电是一种具有技术含量的业余爱好，以“体谅、忠诚、进取、友爱、适度、爱国”为准则，以最贴近人们生活的方式，将通信技术带入到人们的日常生活中。业余无线电活动发展至今，内容丰富多彩、形式多种多样，通过业余无线电爱好者的积极参与，业余无线电台活动不但为国家培养了大量肯钻研、能动手的无线电和电子技术人才，而且极大地推动了无线电技术在科学、经济、教育和社会服务等领域的应用探索。业余无线电活动的内容如表 1.1 所示。

表 1.1 业余无线电活动的内容

常规通联	业余无线电爱好者使用业余电台进行通信，交换必要的信息，也可以讨论技术
业余无线电应急通信	业余无线电爱好者自行完成天线架设和电台设置，在灾害发生时迅速建立联络
无线电竞赛	个人或团队在特定时间内在尽量多的频段上寻找尽可能多的电台，并建立通联
技术研究	开展对业余通信装备改进、传播模型和通信模式仿真等技术研究，包括 QRP 小功率通信研究、VHF/UHF 通信研究、月面反射通信（EME）和流星余迹通信等
青少年无线电知识科普	向青少年宣传、普及无线电科学及法律相关知识，提升青少年对无线电频谱资源的保护意识，提高青少年对无线电的认知和兴趣

为了支持业余无线电活动的开展，大多数国家和地区都在 130kHz~250GHz 频段为业余无线电业务划分了专用频段，提供频率保障，供业余无线电爱好者进行自我训练、相互通联和技术研究。业余无线电爱好者是指经主管部门正式批准的、对无线电技术有兴趣的人，其兴趣纯属个人爱好，其活动不涉及谋取商业利润。其使用的电台称为业余无线电台（Amateur Radio），俗称“火腿电台”（HAM Radio），指经过国家主管部门正式批准，用于业余无线电通信业务的电台。业余无线电通信技术多种多样，从通信内容上可分为语音模式、图像模式、无线电报和数字通信等；从调制方式方面可分为模拟调制（如 SSB、FM 等）和数字调制（如 RTTY、PACKET、C4FM 等）；

典型的业余无线电通信包括业余卫星通信、月面反射（EME）通信、流星余迹通信、散射通信、海岛通信、竞赛通信、野外通信和远征通信等；这些业余无线电通信使用的频率涵盖短波、超短波、微波等。其中，月面反射通信最具挑战性，得到了HAM的广泛关注，吸引了不少业余无线电爱好者开展相关研究和实验。图1.2~图1.9所示为常见的业余无线电活动及常用的设备。

图1.2 HAM参加无线电竞赛

图1.3 HAM参加应急通信演练

图 1.4　青少年参加无线电测向活动

图 1.5　青少年参加应急通信竞赛

图 1.6　青少年学习无线电设备制作

图 1.7　爱好者对电台进行检测

图 1.8　HAM 使用的短波电台

图 1.9　HAM 使用的短波天线

随着业余无线电技术的不断普及和推广，业余无线电活动对社会发展进步也有较大的推动作用，主要表现为以下几个方面。

（1）普及科学知识，培养技术能手。俗话说，兴趣是最好的老师。业余无线电爱好者正是因为“兴趣”“爱好”，才孜孜不倦地潜心钻研科学技术，反复开展实验，有效普及了科学技术知识，涌现出一大批技术能手。他们不仅向人们展示了一种新颖的通信方式，更对国内业余无线电爱好者、对广大青少年爱好者学习新知识、新技术起到了激励和推动作用，一定程度上为科技后备力量的培养和储备提供了帮助。

（2）丰富应急通信手段，提升救灾抢险能力。业余无线电是应急通信中一种重要的补充手段，在历次重大突发事件的应急通信保障中都发挥了重要作用。我国业余无线电爱好者在“5·12”汶川特大地震应急通信保障中发挥了积极作用，受到国际业余无线电联盟（IARU）的好评，美国无线电中继联盟（ARRL）理事会还将2008年ARRL人道主义奖授予了中国业余无线电爱好者。

（3）有效提升通信装备水平，不断推进通信技术发展。业余无线电从业人员积极参与相关技术装备的研究和改造等技术研究工作，且成效显著。2009年我国发射了一颗自主研发的业余无线电卫星，名为“希望一号”（见图1.10），为广大业余无线电爱好者提供了一个开放的试验平台。我国业余无线电爱好者与北京理工大学合作研发的“北理工1号”卫星，于2019年7月成功发射。该卫星上搭载的新型空间电台也向全世界业余无线电爱好者提供了卫星信标和通联平台。

图 1.10 “希望一号”（左）和“北理工 1 号”（右）示意图

1.3 初识月面反射通信

业余无线电通信在推动无线电技术科学研究和工程实现方面发挥着十分重要的作用。其中，月面反射通信常被称为业余无线电通信的“明珠”，吸引着全球无线电爱好者的关注。

月面反射通信，简称 EME（Earth-Moon-Earth Communication）通信（见图 1.11），是一种利用月球作为反射面的超远距离通信技术。

图 1.11 月面反射通信示意图

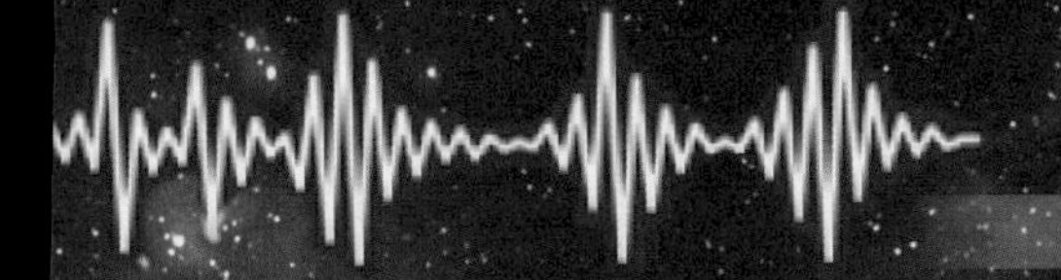

其基本原理是把月球作为无源反射面，在发射站将发射天线指向月球并发射无线电信号，在接收站接收被月球反射回地面的无线电信号，从而建立通信链路进行通信。

业余无线电爱好者首先可以利用无线电台接收自身发射的脉冲信号被月球反射回来的“回声”（时间间隔大约为 2.5s），尝试初次通信和设备自检。成功后就能与全球不同地区的 EME 通信爱好者进行通联。

月面反射通信并没有广泛地应用于我们实际的通信系统中，主要原因是由于作为反射面的月球与地球之间的位置关系、运动关系和传输链路的特殊性，导致该通信方式在实际的应用中存在着诸多限制和挑战，是一种极具挑战性的无线电通信技术。

月面反射通信中的挑战主要有以下几个方面。

1. 路径传输损耗大

由于月球距离地球非常远，约为 380 000km，因此无线电信号传播路径损耗特别大。例如，工作在 144MHz 频段时，路径传输损耗约为 252dB；工作在 10GHz 频段时，路径传输损耗约为 288dB。

2. 月球反射效率低

由于月球的表面非常粗糙，对无线电信号反射效率较低，因此，只有极少量（约为 7%）的信号被反射回地球。

3. 天线跟踪精度高

月球和地球存在实时相对运动（速度大约为 15°/h），因此收发天线必须精确跟踪月球的位置。这就要求 EME 通信天线需要具备跟踪指向的功能，且角度最好可自动调整。

4. 多普勒频移效应

月球和地球之间的相对运动导致无线电信号产生多普勒频移。例如，在月出或月落时，144MHz 频段的多普勒频移约为 300Hz；10GHz 频段的多普勒频移可能会超过 20kHz。由于 EME 通信中使用的信号带宽非常窄，因此多普勒频移可能会对通信产生严重的影响。

5. 法拉第旋转效应

具有一定极化方式的无线电信号穿过地球电离层时，由于地球磁场对电信号的偏转作用，会产生法拉第旋转（例如，在 432MHz 频段，信号极化可能会旋转好几圈）。大多数业余无线电台的天线采用线极化天线，因此极化旋转会导致信号的极化衰减，导致接收信号强度降低。

由于上述原因，EME 的应用受到许多限制，往往只能用于业余无线电通联，难以用于实际通信。虽然 EME 通信在实际使用中存在很多挑战，但是在理论上，它仍然是一种可以在技术上实现并有实用价值的通信技术，尤其是对许多业余无线电爱好者来说，更是常见的通信方式之一。EME 通信非常具有挑战性，并且与我们所熟知的各种通信方式有很大的不同。而越是富有挑战性、越是具有神秘感的技术，往往就越能激发业余无线电爱好者的兴趣和探索的欲望。

由于通信路径损耗巨大和月球反射效率很低，通信联络实现的，不但要求发射站具备很高的等效全向辐射功率（简称 EIRP，是天线增益和发射功率之和），而且要求接收站具有极高的灵敏度。因此，早期用于 EME 通信电台的技术门槛非常高，需要使用大型的天线系统、高发射功率和高灵敏度的接收系统。

今天，先进的数字信号处理技术、低噪声放大器、信号编码和调制技术，有效地降低了对接收系统灵敏度、发射系统的天线增益和发射功率的要求，这使得越来越多的业余无线电爱好者通过具备合适性能的电台，就可以成功进行 EME 通信操作，并实现在全球进行长距离 VHF/UHF 通信。例如，目前全世界有数百名无线电业余爱好者在使用 CW（莫尔斯电码）和 JT65 数字模式进行 EME 通信（EME 最常用的频率为 144MHz 频段），采用的是常见的八木天线（天线的长度为 5m，增益为 21.8dBi，见图 1.12）。

图 1.12　EME 通信双阵列八木天线（144MHz 频段）

1.4 月面反射通信的历史

英国邮政局的 W.J.Bray 于 1940 年提出将月球用作无源通信卫星的设想，据他计算，利用可用的大功率微波发射设备和低噪声接收器，可以将微波信号从地球发射出去，并且信号可以从月球反射回来。他还认为可能至少有一个语音通道，通信时延为 2.5s。但由于当时对气象和天体研究较为欠缺，特别是电子元器件还欠发达，月面反射通信只能用于有限的军事用途。

第二次世界大战期间，备战需要极大地促进了雷达技术和无线通信技术的发展。为了满足当时的远程应急通信需求，美军在 1946 年提出月面反射通信（EME）的概念和理论。在 Zoltan Bay 教授的带领下，美军在匈牙利境内使用 110MHz 频段脉冲雷达发射源发射信号，并成功地接收到了来自月球反射的信号。

同期，业余无线电爱好者们也热衷这一新兴技术。1953 年 1 月 27 日 Bill Smith（W3GKP）和 Ross Bateman（W4AO）开展了一次月面反射通信实验（见图 1.13），实验基于 1kW 的 2m 波段发射源和 1 个 32 单元天线阵，成功接收到了由月面反射的脉冲信号。

1954 年 7 月 24 日，美军完成了人类第一次月面反射语音通信，由位于马里兰州 Stump Neck 的海军陆战队研究实验室发送并接收了第一个从月面反射回地球的人类语音信号。

1960 年，美国完成了第一次在不同地点的民用业余双向月面反射

图 1.13　Bill Smith（W3GKP）和 Ross Bateman（W4AO）开展月面反射通信实验

通信，月面反射通信由此变得流行起来。此次通信是在 Elimac Gang 无线电俱乐部（W6HB，位于加利福尼亚州）和 Rhododendron Swamp 超短波学会（W1BU/W1FZJ，位于马萨诸塞州）之间进行的，使用 1296MHz 频段实现连续波通信。

1961 年至 1971 年，美军在试验船（AGTRs）上搭建了 TRSSCOMM 月面反射通信系统（见图 1.14），使用 1.8GHz 和 2.2GHz 频率进行加密双工通信。1961 年 12 月 15 日午夜，海军作战司令 George W. Anderson 和海军陆战队研究实验室主任 R.M. Page 博士通过月面反射通信，从马里兰州 Stump Neck 向距其约 2414 km 的大西洋上的牛津号军舰发送了一条信息（见图 1.15）。这是美国海军第一次成功地将地面

图 1.14　美军试验船（AGTRs）

图 1.15　牛津号军舰上的方向性天线

站的信息传送给船只。

日本的业余电台也从 20 世纪 70 年代中期开始这项活动，1975 年 9 月，JAIVDV 曾使用 430MHz 频段与美国西部的 WA6LET 进行 EME 通信。同年 8 月，九州久留米市业余无线电台 JA6DR 使用 144MHz 频段与美国西部的业余无线电台 W6PO 完成 EME 通信。

然而人造通信卫星的发展，使月面反射通信再度消失在大众视野中。直到最高输出功率可达 1500W 的发射设备问世以及 20 世纪 80 年代 GaAs FET（砷化镓场效应管）前置放大器出现，加之近年来灾害频发，各种应急通信方案被提出才再次把月面反射通信重新推上舞台。1984 年，日本业余无线电台（JR4BRS）使用 1296MHz 与奥地利业余无线电台（OE9XX）成功地进行了 EME 通信。

近些年，我国也有过一些月面反射通信实验。清华大学的业余电台 BY1QH 在 1997 年 10 月 19 日，用 144MHz（2m）频段成功地和瑞典 SM5FRH 等业余电台进行了第一次双向的 EME 通联，实现了我国业余电台在这一领域的突破。2011 年 3 月 20 日至 31 日，由中国无线电协会业余无线电分会（The Chinese Radio Amateurs Club，CRAC）组织的业余无线电月面反射通信实验（实验电台呼号：BJ8TA）在香格里拉县和云南天文台澄江抚仙湖太阳观测站圆满完成（见图 1.16）。此次实验在 3 月 20 日至 24 日在香格里拉进行，27 日至 31 日在澄江进行。其中，澄江实验使用了位于澄江抚仙湖太阳观测站的 11m 抛物面天线，该天线经过简单的改装后成为能接收和发射的双向通信系统。该系统分别在 144MHz（2m）频段和 432MHz（0.7m）频段连续工作

图 1.16　香格里拉月面反射（EME）通信实验组装好的天馈系统

了 4 天，与德国、俄罗斯、荷兰、瑞典、爱沙尼亚、保加利亚、法国、意大利、瑞士、西班牙、丹麦、芬兰、日本、澳大利亚、斯洛伐克等国家的业余电台完成了 38 次双向通信。此次 EME 通信是业余无线电爱好者首次与国家专业天文研究机构深度合作完成的通信实验。

美国等一些国家的业余无线电组织还经常组织 EME 通信的国际比赛，我国的无线电业余爱好者也有参加。

1.5 月面反射通信频段

在频率使用方面，月面反射通信可使用 21MHz~76GHz 频段的频率资源，月面反射通信常用频段见表 1.2。

表 1.2　月面反射通信常用频段

序号	频段	波长
1	50MHz	6m
2	144MHz	2m
3	432MHz	70cm
4	1296MHz	23cm
5	2320MHz	13cm
6	5760MHz	6cm
7	10GHz	3cm

其中，144MHz（2m）频段是使用最广泛的月面反射通信频率，尽管在 50MHz（6m）频段上进行月面反射通信已经非常成功，但庞大的天线阵列和天空的背景噪声对大多数人来说是难以解决的困难，不过仍有许多爱好者在此频段上操作。432MHz（70cm）频段是 EME 通信中第二个常用频段，它比起 144MHz（2m）频段既容易又困难：安装一个天线阵较容易，其频率较高，就相同数量的振子单元来说，432MHz（70cm）频段的天线更为小巧。其次 432MHz（70cm）频段上信号传播也相对容易，但仍需要较高的功率使其能将信号送至月球。另一个较流行的频段为 1296MHz（23cm）频段，所选用的天线是抛物面天线。只有少数人定期在 2320MHz（13cm）频段上通信，使用 10GHz（3cm）频段进行通信的就更少了。

第 2 章 EME 通信中的月球

上一章介绍了 EME 通信是利用月球表面反射无线电信号，并在地球上有效接收后实现信息的传递。可以说月球反射环节是 EME 通信实现的关键，那么作为反射介质的月球就是完成通信的关键节点。因此，认识月球对 EME 通信至关重要。

我们平时看到的月球，总是大小在变，形状也在变，如上弦月、下弦月，还有满月，这是月球、地球和太阳之间的相对位置发生变化而造成的视觉效果，叫作月相盈亏（见图 2.1）。

图 2.1 月相盈亏

我们也经常能见到“超级月亮”，此时月球距离地球最近，又恰逢月圆。2020 年 4 月 7 日，“超级月亮”

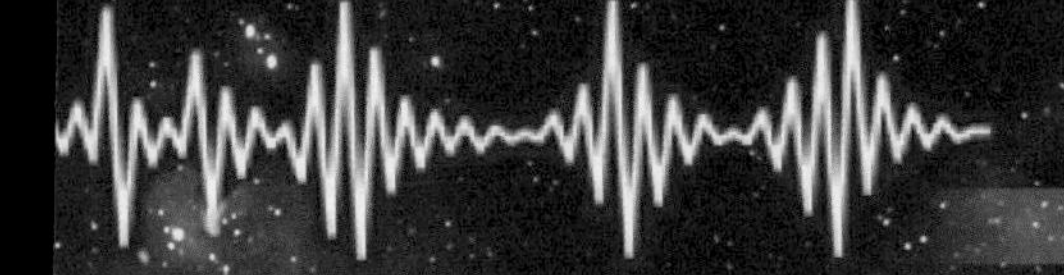

图2.2 爱好者拍摄的“超级月亮”

曾点亮夜空（见图 2.2）。

人类利用月球反射无线电信号完成 EME 通信，是建立在对月球有充分认识的基础上。但以往只通过肉眼观测，对月球的认识可能不够全面。随着我国探月工程的逐步开展，我们对月球的认识也将更加深入。

要想较好地开展 EME 通信活动，既要从宏观层面认识月球的基本属性，又要对月球的反射性能有充分的认知。下面将介绍月球的空间特性。

2.1 月球是太阳系的成员

太阳系（Solar System）是质量很大的太阳，以其巨大的引力维持着周边行星、行星的卫星、小行星和彗星绕其运转的天体系统（见图 2.3）。截至 2019 年 10 月，太阳系包括太阳、8 颗行星、205 颗卫星

图 2.3　太阳系各天体的空间位置示意图（非实际比例）

和至少 50 万颗小行星，还有矮行星和少量彗星。

2.1.1 人类在太阳系的活动范围很小

若以海王星作为太阳系的边界，其直径为 60 个天文单位，即约 9×10^9km。一般情况，一个天文单位可理解为地月系的质心到太阳的平均距离约 1.5×10^8km。

月球是太阳系中 205 颗卫星之一，也是地球唯一的卫星，还是人类目前到访过唯一的地外天体。月球赤道直径约 3476.2km，两极直径约 3472.0km，在太阳系的卫星家族中也算不上大，排在木星的卫星——木卫三、木卫六、木卫四、木卫一之后。

若按月球的平均半径 1737km，地球的平均半径 6371km 计算，地球的体积约为月球的 49 倍。如果将地球比作篮球的话，月球只比网球

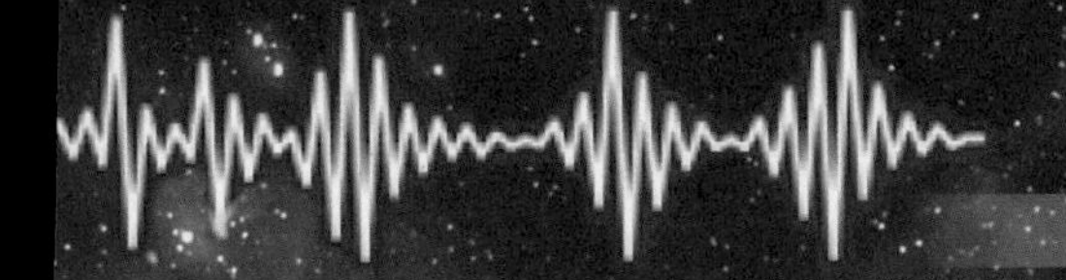

稍大一点。

从地球上看去，月球是圆的，但不是绝对意义上的标准球形。不过相比于地球的赤道和两极半径的差异，月球已经很接近球形了。月球两极直径和赤道直径之间的差异大约在 1.2‰，在大多数不涉及精确计算的情况下，这点差异可以忽略。正是因为月球有相较于地球适中的体积和距离，人们在地球上才能看到月球美好多变的形象。

太阳系对于人类来说非常大，人类探索宇宙最远的飞行器——旅行者 1 号，经过 43 年的时间，仍然没有飞出太阳系，可以说人类探索宇宙的路途还很遥远。

2.1.2 月球与地球之间的距离是EME通信的关键

地球是太阳系中距离太阳第 3 近的行星，也是太阳系中直径、质量和密度最大的类地行星，距离太阳约 1.5×10^8km。

月球是距离地球最近的天体，也是人类肉眼可见最大的天体，地月之间的平均距离大约为 384 400km（见图 2.4），这个距离相对于太

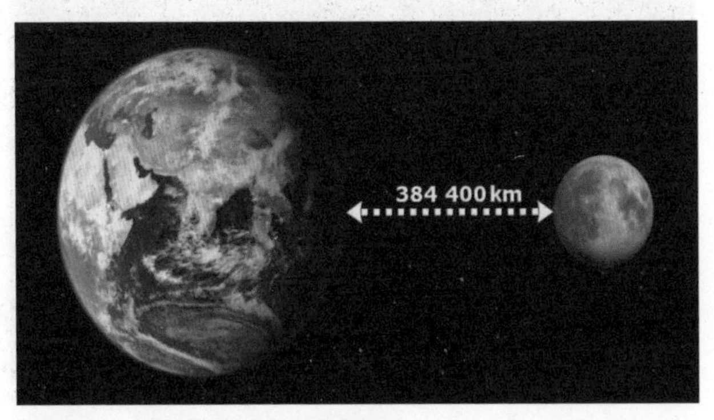

图 2.4 月地平均距离示意图

阳系可以说是微不足道，但登月已经是人类活动的最远距离。

在人类的通信活动中，距离决定了通信的难易程度。EME 通信的往返路径超过 7×10^5km，对于业余无线电通信来说，通信距离也确实非常远。

虽然空间良好的视距传播条件是 EME 通信的基础，但月球与地球之间的距离是对地静止轨道（GSO）卫星轨道高度的 20 倍左右，因此 EME 通信的路径传输损耗远大于卫星通信，再加上月球的无源反射损耗，在 24GHz 频段往返的路径传输中损耗高达 293dB，而我们常用的无线电通信系统的路径传输损耗一般在 200dB 以下。

2.1.3 月球位置的变化对EME通信会产生影响

地球在自转的同时，带着绕着它转动的月球，一起围着太阳公转。如果把地球、月球、太阳放在一张图里，大致的位置关系如图 2.5 所

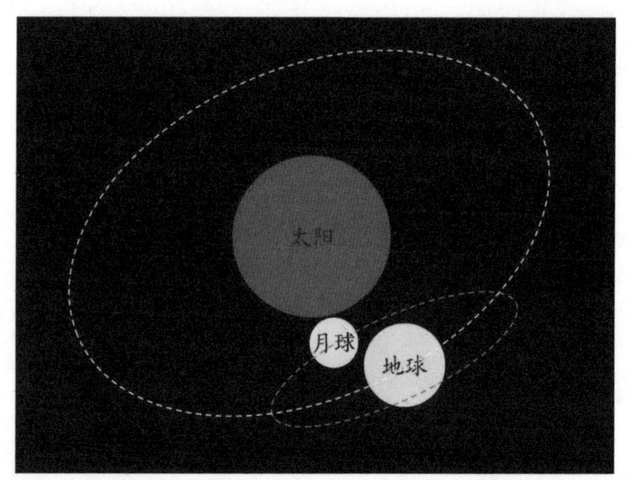

图 2.5　太阳、月球、地球位置关系示意图

示。由于地球本身围绕太阳公转，月球围绕地球运动的轨迹投影如图 2.6 所示。

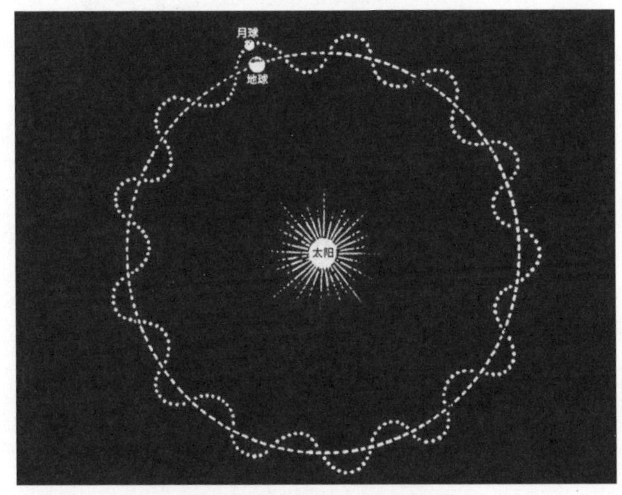

图 2.6 月球围绕地球运动的轨迹投影

我们能够看到的月相盈亏和日升月落都是 3 个天体之间的相对运动所致。月球距离我们时近时远，因此我们看到的月球也时大时小，于是就有了中秋月圆，也有了新月和满月，还有了日食和月食。

月球在伴随着地球公转时，相对于太阳的位置也发生着变化。当月球靠近太阳时，引起空间通信环境变化，增加了 EME 通信的难度。月球相对于地球的位置改变，使得 EME 通信中，通信方需要随时间改变天线的指向，还要保证通信的双方同时对月球可见。

月地距离和相对位置的变化，导致空间引力呈规律性变化，引起潮水的涨落，其原理如图 2.7 所示。月球和太阳的引力叠加造就了钱塘江大潮的壮观，还对地球磁场和气候造成了影响，对我们的生产、生活也有影响。

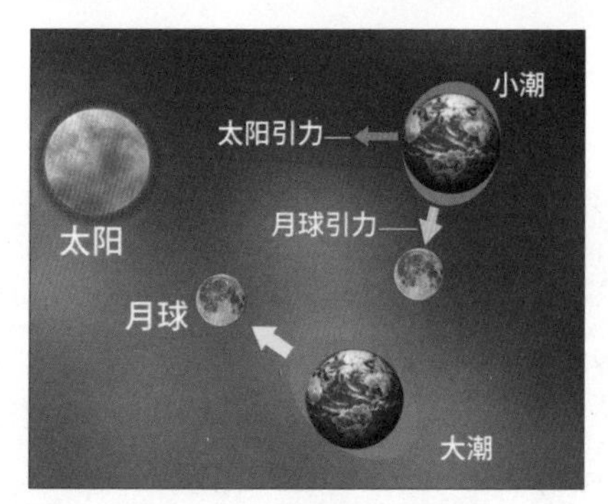

图 2.7　潮汐现象形成原理

虽然月球和太阳对地球引力的叠加作用并不会改变电磁波的传播路径，但天体之间的相对位置变化，使得发射频率经过反射后在接收时偏离原有中心频率，地月位置变化引起的多普勒频移在 10GHz 频段高达 30kHz。

在地球磁场和电离层的共同作用下，无线电信号在传播中出现的极化旋转现象被称为法拉第旋转效应，该效应将对不同频段的 EME 通信产生影响。因此在 EME 通信中还需要考虑极化旋转，合理调整天线的接收方式。关于多普勒频移、法拉第旋转效应和天线架设等内容，将在之后的章节中进行介绍。

2.2 月球是地球的天然卫星

上一节介绍过，月球与地球之间的平均距离大约为 384 400km，为什么是大约呢？因为月球围绕地球运动的轨道形状不是标准的圆形，而是椭圆形。太阳系所有行星的运动都遵守开普勒第一定律，也称椭圆定律。虽然月球并非行星，但其运动仍遵循这一定律。

月球作为地球的天然卫星，绕着地球作椭圆运动，二者的空间相对位置示意图如图 2.8 所示。月球轨道的近地点距离地球约为 363 300km，远地点距离地球约为 405 493km。

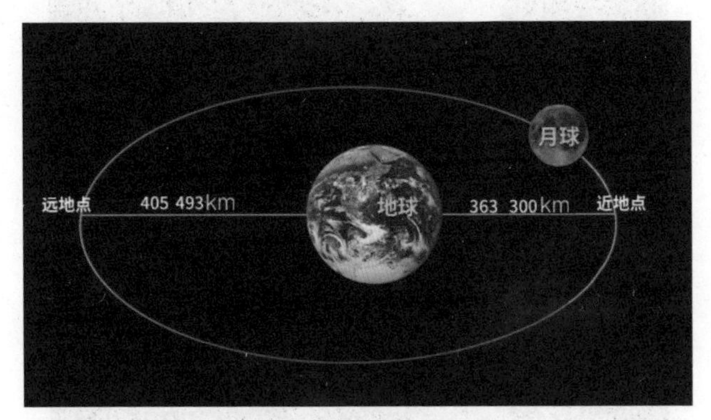

图 2.8 月球的远地点和近地点示意图

2.2.1 月球的轨道参数

要想了解月球相对于地球的空间位置，首先要了解月球的轨道参数。根据开普勒第一定律，卫星在空间中围绕某个天体作椭圆运动，可用 6 个参数来描述卫星运动的情况，它们分别为半长轴 a、偏心率 e、轨道倾角 i、升交点赤经 Ω、近地点幅角 ω、真近点角 v，这 6 个参数也被称为“轨道六根数”。

其中，半长轴 a 为椭圆长轴直径的一半，地球是椭圆直径中的一个焦点，如图 2.9 所示。

轨道的偏心率 e 为焦距 c 和半长轴 a 的比值，即 $e = c/a$，$0 \leqslant e < 1$。圆轨道的 2 个焦点重合为圆心，偏心率为 0。图 2.10 所示的橙色、黄色、

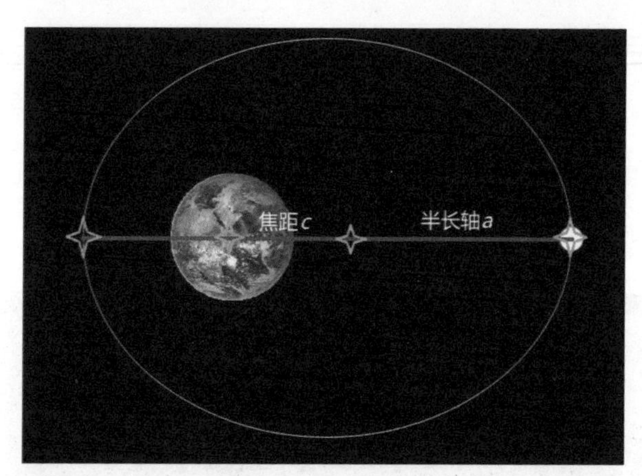

图 2.9　卫星轨道的半长轴 a

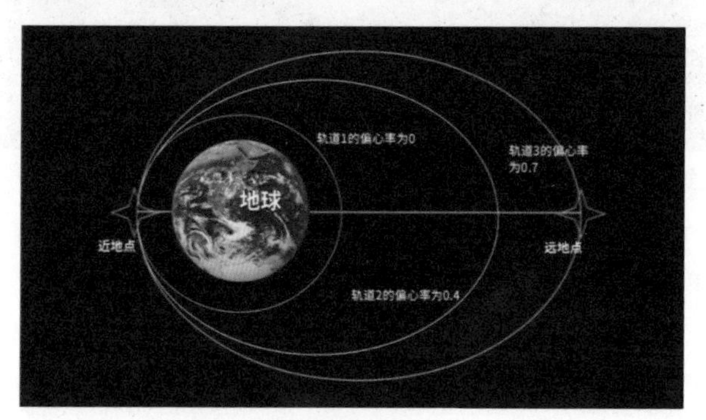

图 2.10　卫星轨道的偏心率 e

蓝色 3 个椭圆形为月球的运行轨道，偏心率分别为 0、0.4、0.7。

轨道倾角 i 为轨道平面与赤道平面的夹角，如图 2.11 所示。

升交点赤经 Ω 为轨道平面与赤道平面的相交点对应的经度，如图 2.12 所示。

轨道的近地点幅角 ω 为升交点到近地点之间的角度，如图 2.13 所示。

卫星在近地点运动，某时刻其所在位置与近地点之间的角度为真近点角 v，如图 2.14 所示。

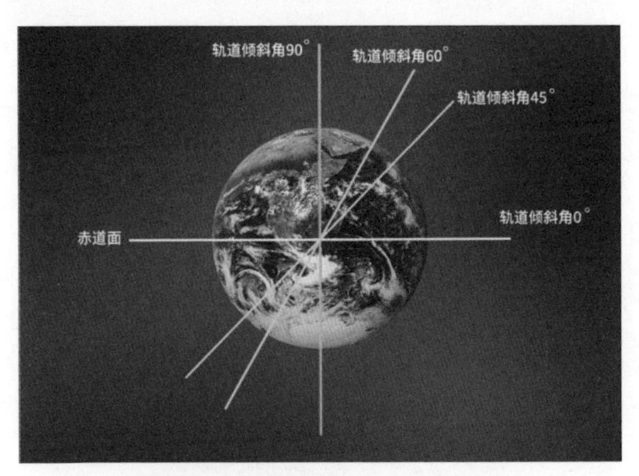

图 2.11　卫星轨道的倾角 i

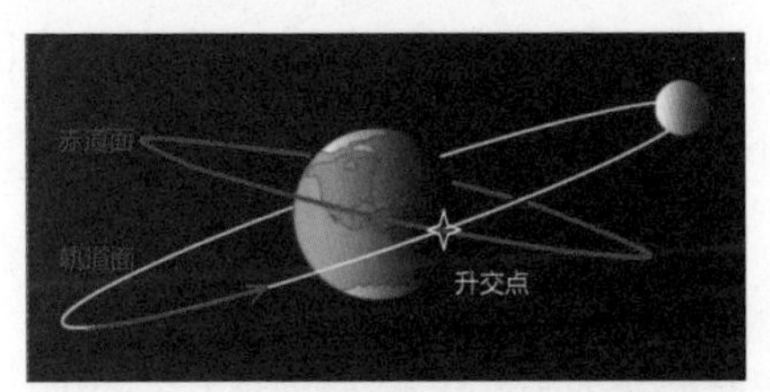

图 2.12　卫星轨道的升交点赤经 Ω

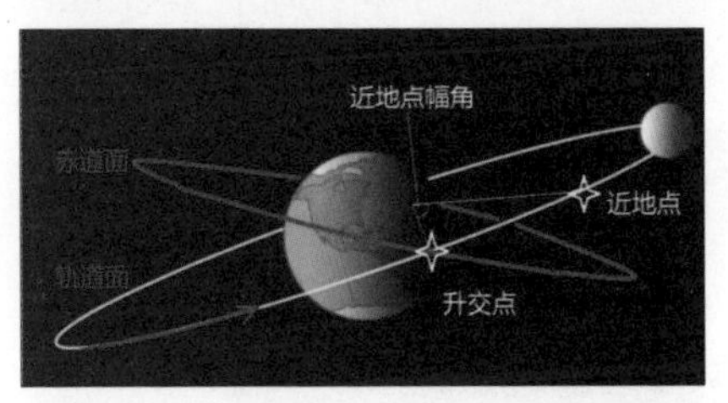

图 2.13　卫星轨道的近地点幅角 ω

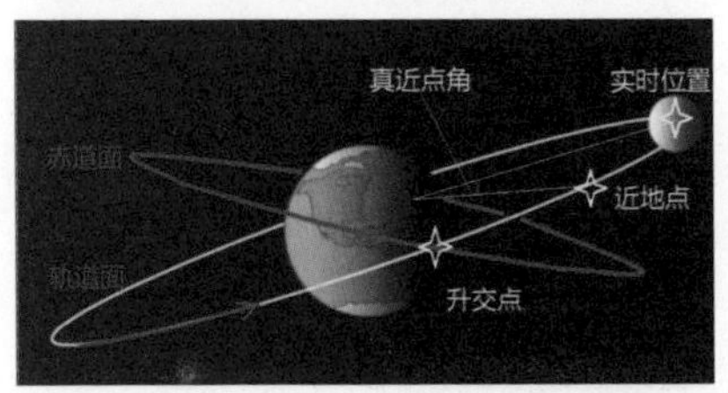

图 2.14　卫星轨道的真近点角 v

总体来说，半长轴 a 和偏心率 e 确定了轨道的运行形状，影响卫星在轨道不同位置的速率。轨道倾角 i、升交点赤经 Ω 和近地点幅角 ω 确定了轨道的位置，也决定了卫星的覆盖方式和过境时长。真近点角 v 可确定卫星的实时位置。

月球的公转轨道用轨道六根数描述如下：半长轴 384 403km、偏心率 0.0549、轨道倾角 5.1°、升交点赤经 125°、近地点幅角 318°、距离我们最近时刻的真近点角为 0°。

由于地球的自转和月球的公转不在同一个平面，所以月球每天在天空中出现的位置都不相同，单纯地用“轨道六根数”来描述月球的相对运动显得十分复杂，不利于月面反射通信的开展。为此，广大天文和业余无线电爱好者开发了相关软件，可将轨道参数和星历数据转换成图形，用来预测月球的空间位置，图 2.15 所示为使用月面反射 Planner 软件预测的地月之间距离随时间的变化曲线。

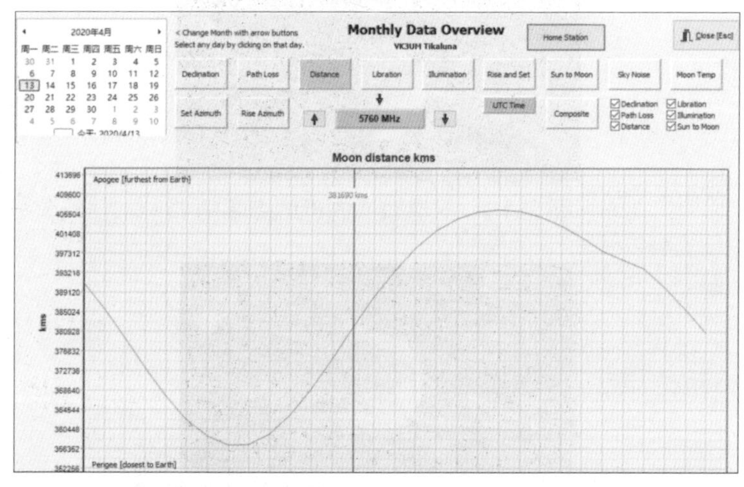

图 2.15　月球空间位置预测，界面为月面反射 Planner 软件

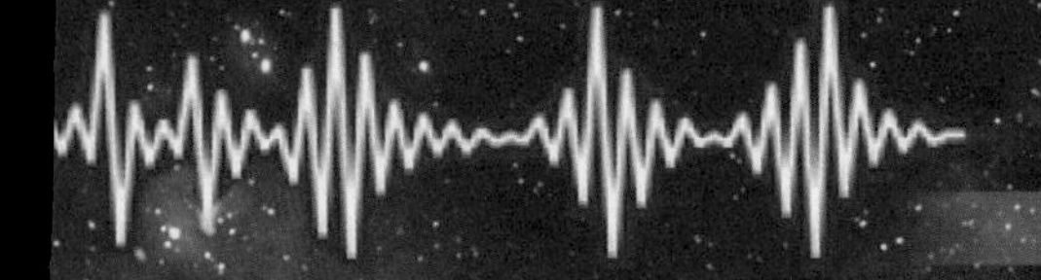

月面反射 Planner 软件不仅能准确地预测月球在某地的最佳通信时间，还能结合已有的月面反射站点和空间天气，预测月面反射通信的效果，给 HAM 提供一些参考，HAM 借助软件可以提高月面反射通信的成功率。

2.2.2 月球的运动属性

我们知道地球的自转周期大约为 1 天，公转周期大约为 1 年。月球的公转周期约为 27 天，但其自转有点特殊，其周期和公转周期相等。也正是单位时间内自转和公转所转的角度相同，这就导致月球的一面一直“看着”地球，这种现象也称为潮汐锁定（见图 2.16）。

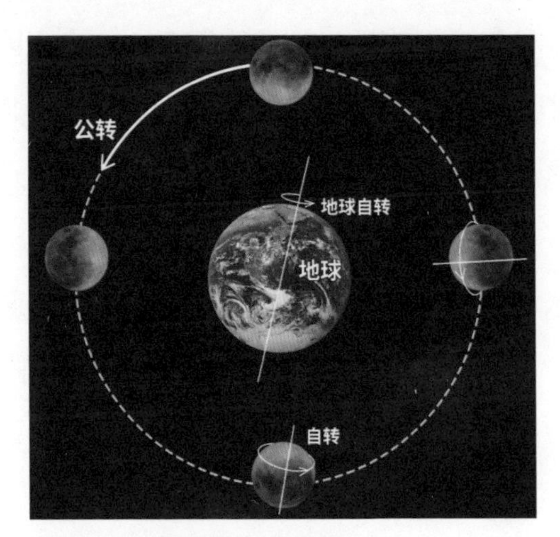

图 2.16　潮汐锁定示意图

潮汐锁定现象使人类想要了解月球的另一面变得非常困难，但在我国的“鹊桥”卫星（嫦娥四号月球探测器的中继卫星）成功发射后，在月球背面着陆的“玉兔”号月球车将月球背面的相关情况传给“鹊桥”

卫星，然后“鹊桥”卫星再转发回地球，从此我们就能看到完整的月球了。“鹊桥”卫星通信示意图如图 2.17 所示。

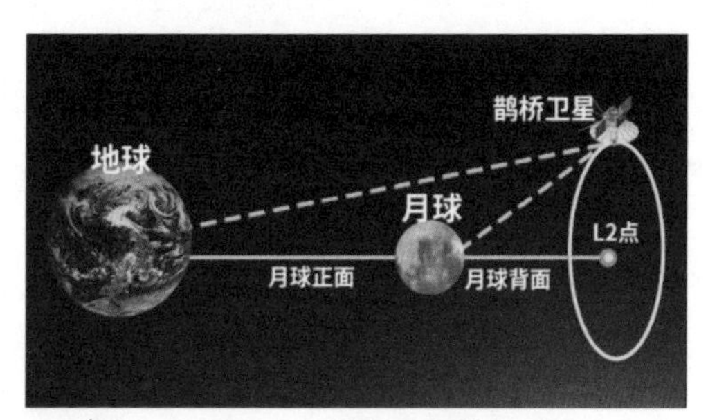

图 2.17 “鹊桥”卫星通信示意图

为了便于读者理解，我们将月球面向地球的一面称为正面，将另一面称为月球的背面。潮汐锁定现象意味着月球的背面背对着地球，值得庆幸的是，月球正面的反射条件优于背面，也正因为有潮汐锁定现象，月面反射通信中，月球的反射面基本处于稳定的状态。

月球公转轨道的偏心率为 0.0549，这说明月球的运行轨道接近圆形，因此月球在其运动轨道上的运动速率变化不大，这对月面反射通信来说是有利条件。月球的公转周期约为 27.32 天，通过计算可知月球运行的角速度为 0.55°/h，角速度很慢，对于月面反射通信比较友好，我们很容易调整天线的指向，甚至在某个月面反射通信的窗口期内不用重新设置天线指向。

2.3 月球是月面反射通信的反射介质

自古以来，不少文人骚客给月球赋予了很多美好的寓意，比如团圆、美好、永恒等，但月球作为月面反射通信中无线电信号的反射介质，现实情况不太美好。月球没有与地球类似的大气层，也不会形成与地球相似的气象环境，因此月面反射通信的无线电信号在月球表面附近不会受近地空间传播时大气衰落的影响。受为没有大气层的保护，在月昼时，受太阳直射，月表的温度高达120℃；在月夜时，月表的温度会降到 -230℃。

2.3.1 月球表面能够反射无线电波

作为人类登上的第一个地外天体，月球表面（月壳）在受到陨石撞击后，月幔流出，玄武岩岩浆覆盖了低地，形成了较低洼的广阔平原——这种地貌通常被称为“月海”。虽然叫作“月海”，但其中一滴水也没有，也不算平整，但可作为太阳光和无线电信号的反射介质。

图2.18所示是由激光高度计测得的月球正面（近地侧）和背面（远地侧）的地形高程。从图中可以看出，月球正面的平整程度比背面要好很多。

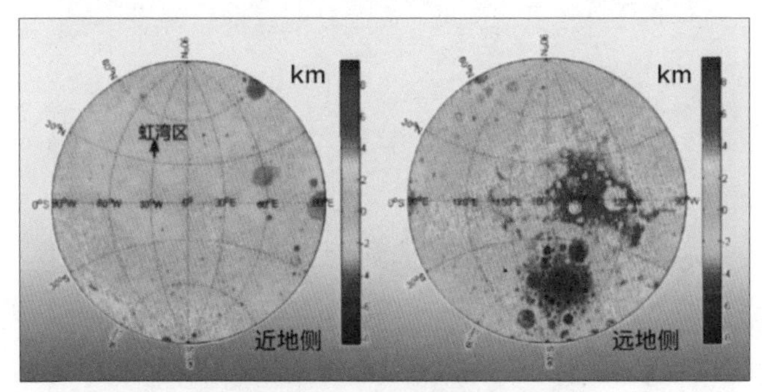

图2.18　月球正面和背面的高程图

也正是因为月球表面可以反射太阳光，所以月球是我们在天空中除太阳之外看起来最亮的天体。尽管我们在月圆时看到月球呈现非常明亮的白色，但其表面实际很暗，无法与标准的镜面反射相比。

据目前已知的情况，月壳中存在储量可观的铁、铝、钛等金属元素及其化合物。这些金属物质构成的深色月壤对电磁波具有一定的吸收作用，因此月面反射通信的损耗也其受影响。

2.3.2 月球反射无线电信号的能力不强

因为月球可以反射太阳光，光也是一种电磁波，人们因此想到了可以用月表作为反射介质，进行月面反射通信。但月球表面并不光滑（见图 2.19），布满了撞击坑，月球的理想反射率只有 58%。

图 2.19　月球表面的照片

月球表面的撞击坑让反射后的无线电信号出现漫反射，使得能够返回地球的无线电信号能量更少，有效反射率仅有 7% 左右。

从地球发出的无线电信号在经过月球表面的吸收和漫反射后（见图 2.20），最终能够回到地球的能量取决于通信链路往返路径中的总消耗量，即路径传输损耗。要想利用月球表面进行月面反射通信，还需要掌握无线电信号路径传输损耗的规律。

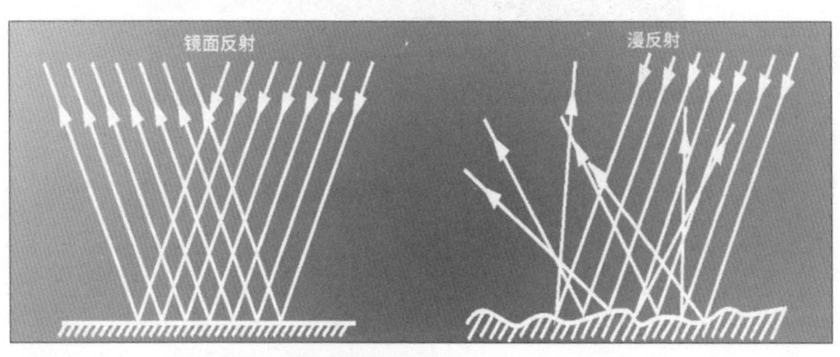

图 2.20 镜面反射和漫反射

2.3.3 月面反射通信的能量无法集中

月球是人类肉眼能够看到最大的，也是距离地球最近的天体。它与地球的平均距离大约 384 400km。但这个距离相对人类在地面的通信来说，已经足够遥远。因为有潮汐锁定现象，适用于月面反射通信的月球反射区域相对固定。那在月面反射通信实验中，月球反射区域的面积有多大呢?

为了计算无线电信号能够到达并覆盖月球表面的面积，假设信号频率是地月通信的最高频率 24.048GHz，经口径为 15m 的抛物面天线发出，如图 2.21 所示。根据工程经验公式：

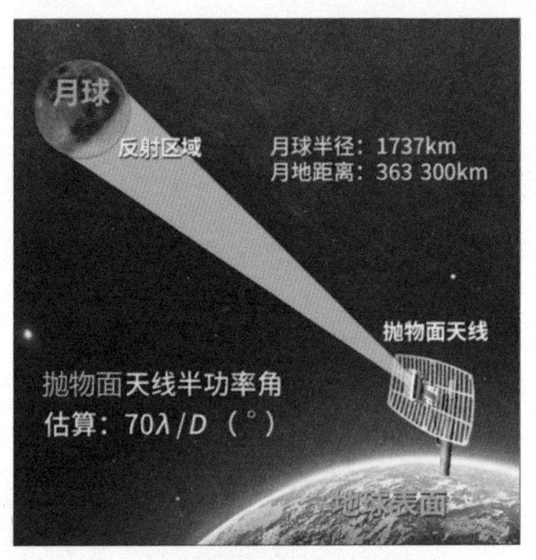

图 2.21　月球反射面积示意图

$$\theta=70\lambda/D \tag{2.1}$$

公式（2.1）中，θ 为发射天线的半功率角，单位为°；λ 为发射频率对应的波长，单位为 m；D 为抛物面天线的口径，单位为 m。

得到天线的半功率角之后，可以计算信号覆盖月面的截面直径 d_L，公式为：

$$d_L=2d\tan\frac{\theta}{2} \tag{2.2}$$

公式（2.2）中，d_L 为能够反射月面反射信号的月球截面区域直径，单位为 km；d 为地球和月球之间的距离，取近地点距离 363 300km；θ 为发射天线的半功率角，单位为°。

通过计算得到的截面直径为 21 156km，远大于月球的直径 3476km。所以我们不用担心无线电信号反射所占月球面积（约 49% 的月表面积）不够大。

实际上，天线发出的全部能量并不能集中照射到月球表面。图 2.22 中仅黄色部分的无线电能量到达月球表面，而绿色曲线表示的部分无线电能量并不会到达月球表面，但月球表面的反射面积足够大，所反射的能量能够支持地球上不同的电台利用其作为反射体实现通信。在工程中可以通过提升天线的方向性，提升无线电能量在月球表面的集中程度，为月面反射通信提供增益。

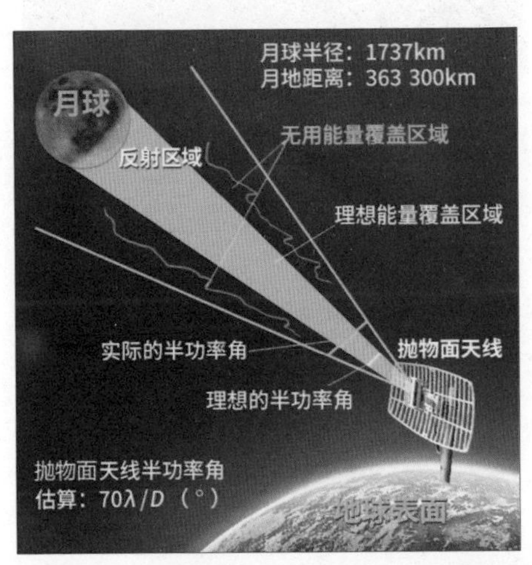

图 2.22　天线发射的无线电信号能量分布示意图

一个月面反射发射站点发出的无线电信号经过月面反射后，能够被多个站点接收，如图 2.23 所示。关于如何选取月面反射通信的发射和接收站点的位置，将在之后的章节中介绍。了解了月球的基本参数、运动状态和反射效能，月面反射通信的第一步就可以实现了。

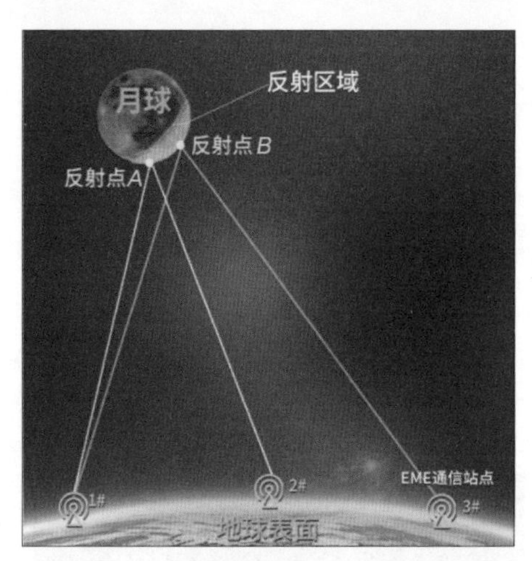

图 2.23　无线电信号在月球表面反射示意图

第 3 章 EME 通信电波传播

EME 通信电波传输往返路径长约 7.6×10^5km，无线电波需要穿过大气层、电离层及宇宙空间到达月球表面，然后电波经过月球表面反射后再返回地球。影响电波传播的主要因素包括路径传输损耗、多普勒频移、法拉第旋转、天空噪声以及空间位置的变化引起的极化改变等（见图 3.1）。

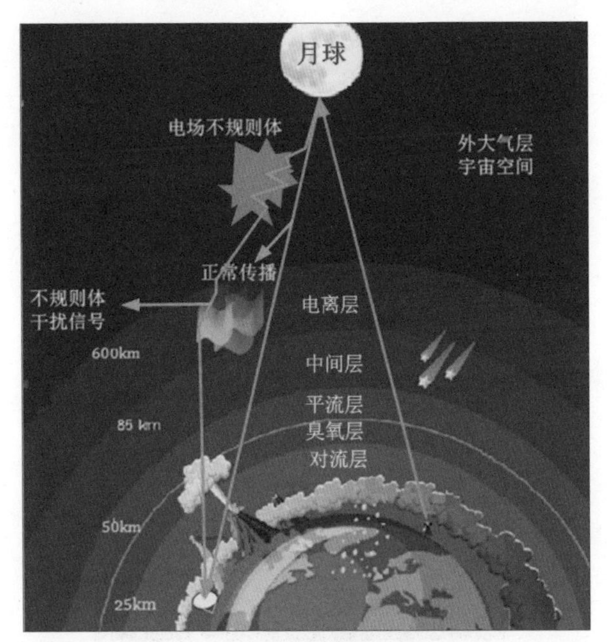

图 3.1 EME 电波传输损耗示意图

3.1 EME路径传输损耗

月面反射通信中的无线电信号需要往返经过地球大气层、月地间的宇宙空间等重要的区域，每个区域均会对信号传播产生影响，主要包括自由空间传输损耗和大气损耗。EME 电波传播示意图如图 3.2 所示。

3.1.1 自由空间传输损耗

传输损耗中最基本的就是自由空间传输损耗了。无线电波在自由空间传输时，发射天线辐射功率大部分能量向其他方向扩散，随着传输距离增加，信号的能量密度(单位面积中的能量)会因为扩散而减小，

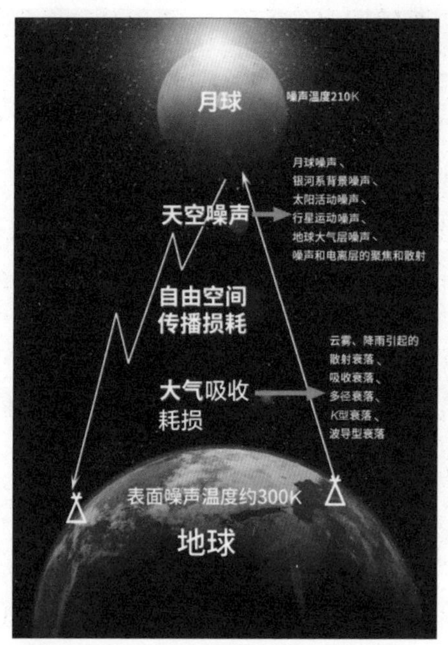

图 3.2 EME 电波传播示意图

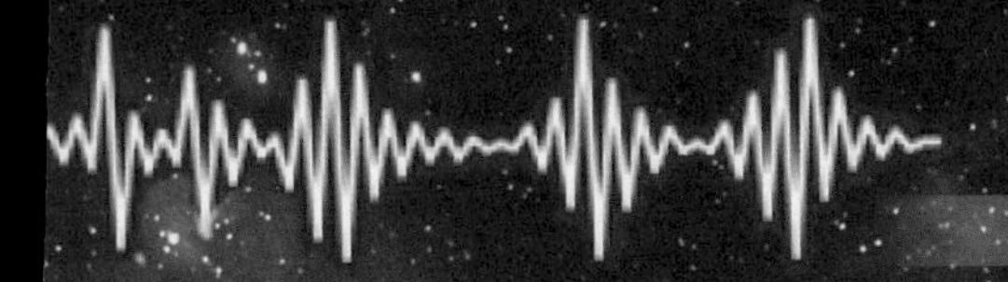

接收天线接收的信号功率仅为很小的一部分。通信距离越远，信号辐射的面积越大，接收点截获的功率越小，等效为传输损耗越大。除了距离以外，自由空间传输损耗还和通信的频率有关，频率越高，自由空间损耗也越大。随着距离和频率的上升，自由空间的传输损耗也随之上升，到了一定界限后呈缓慢上升趋势。自由空间传输损耗可由公式（3.1）计算得出。

$$L_f=32.44+20\lg d+20\lg f \quad (3.1)$$

在公式（3.1）中，f为电磁波的频率，单位为 MHz；d为传播路径的距离，单位为 km。

EME 通信距离约为 8×10^5km，无线电信号要穿越不同的介质，可将无线电信号在大气层以外的空间传播看作自由空间传播。自由空间传播损耗为 EME 整个通信链路的主要损耗。根据经验，可采用自由空间损耗公式对该部分损耗进行计算，获得自由空间的传播损耗数值。典型频率的 EME 传输损耗如表 3.1 所示。

表 3.1　典型频率的 EME 传输损耗

序号	频率（MHz）	地月之间的平均距离（km）	平均传输损耗（dB）
1	50	384 400	242.9
2	144		252.1
3	432		262.6
4	902		268.0
5	1296		271.2
6	2304		276.2
7	3456		279.7
8	5760		284.1
9	10 368		289.2
10	24 048		293.5

3.1.2 大气吸收损耗

在传输过程中，无线电波除了在自由空间传输外还要在大气层中往返，且大气环境的变化会导致接收机接收的电平产生波动，这种现象称为大气吸收损耗或衰落。衰落的情况与地面站位置、气候条件、电波频率等因素有关（见图 3.3）。从衰落的物理因素来看，可以分为如下几种类型：云雾、降雨引起的散射衰落、吸收衰落、波导型衰落、*K* 型衰落、多径衰落。无线电波经过平流层、对流层（含云层和雨层）、外层空间和电离层，跨越距离大，因此必须考虑这些因素对于电波传播的影响。表 3.2 所示为大气层对无线电波的影响。

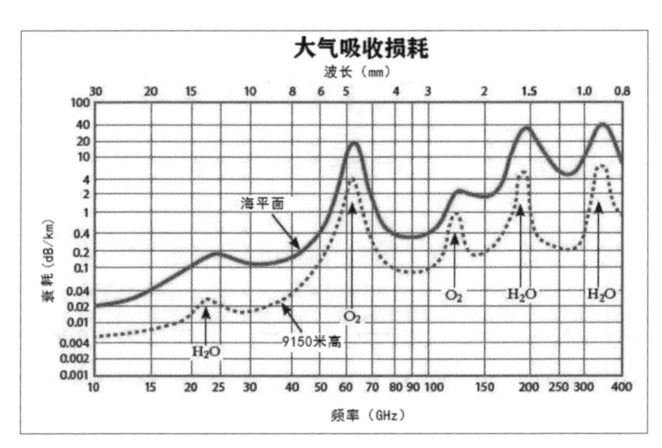

图 3.3　不同海拔下，不同频率对应的大气衰减值

在 EME 通信中，除了自由空间传播和大气吸收产生的传播损耗外，多普勒频移、法拉第旋转以及天空噪声等也是影响 EME 通信的几个重要因素。

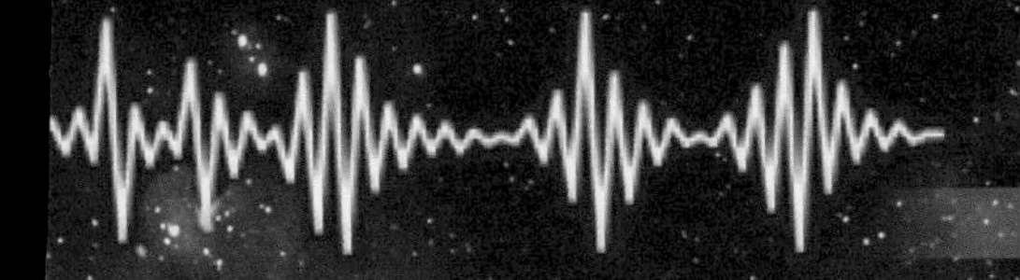

表 3.2　大气层对无线电波的影响

传播问题	物理原因	主要影响
天空噪声和衰减增加	云、大气气体、雨	大约 10GHz 以上的频率
信号去极化	冰结晶体、雨	Ku 和 C 频段的双极化系统
大气多径和折射	大气气体	低仰角通信和跟踪
信号闪烁	电离层和对流层的折射扰动	对流层：仰角低和高于 10GHz 的频率 电离层：低于 10GHz 的频率
反射阻塞和多径	地球表面和表面上的物体	探测器的跟踪
传播变化、延迟	电离层和对流层	精确定位、定时系统

3.2 多普勒频移

当发射机与接收机之间存在相对运动时，接收机接收的频率会有所变化，这种现象称为多普勒效应。接收频率与发射频率之间的差被称为多普勒频移。假定发射频率为 f'，接收频率为 f，则多普勒频移可以用公式表示：

$$\Delta f = f' - f \text{。} \quad (3.2)$$

如图 3.4 所示，当汽车向男子靠近时，男子听到的汽车声音的频率会大于汽车本身的声音发射频率，即 $\Delta f > 0$，此时听到的声音较为尖锐；当汽车向远离女子运动时，女子听到的声音频率会小于汽车音频，即 $\Delta f < 0$，此时听到的汽车声音较为粗钝。

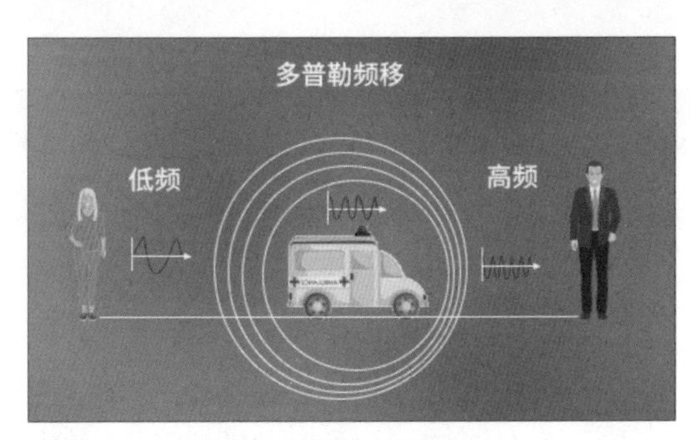

图 3.4　声音多普勒频移示意图

地球在围绕着太阳运行公转的同时也在自转，自转的平均角速度为 7.292×10^{-5}rad/s，在地球赤道上的自转线速度为 466m/s。图 3.5 为太阳、地球和月球的运动轨迹示意图。

由于地球和月球的相互运动引起的多普勒效应会影响电台对于 EME 信号的接收，处在地球上不同纬度的电台，由于地月的相对运动速度不同，产生的多普勒频移也不同，接收频率可能低于或高于发射频率。

由于地月的相互运动产生了多普勒频移，如图 3.6 所示，*A* 点距发射站最近，*B* 点到发射站和接收站的距离相同，*C* 点距接收站最近。假设月球由 *E* 点向 *A* 点运动，多普勒频移分别为 Δf_1 和 Δf_2，*B* 点处的多普勒频移为 Δf_3 和 Δf_4，*C* 点向 *F* 点运动时的多普勒频移为 Δf_5 和 Δf_6。当月球从 *E* 点向 *A* 点运动，月球同时靠近发射站和接收站，此时 $\Delta f_1 > 0$，$\Delta f_2 > 0$，多普勒频移（$\Delta f_1+\Delta f_2$）> 0；当月球从 *A* 点向 *B* 点运动时，月球将远离发射站，但继续靠近接收站；当运动到 *B* 点时，月球到发射站和接收站的距离相同，即 $\Delta f_3=-\Delta f_4$，此时的多普勒频移

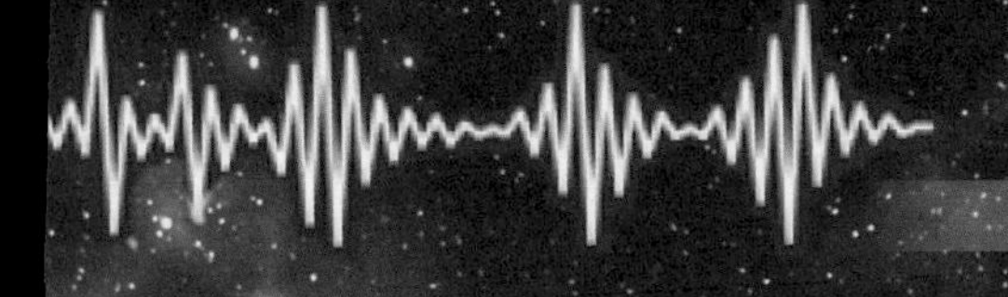

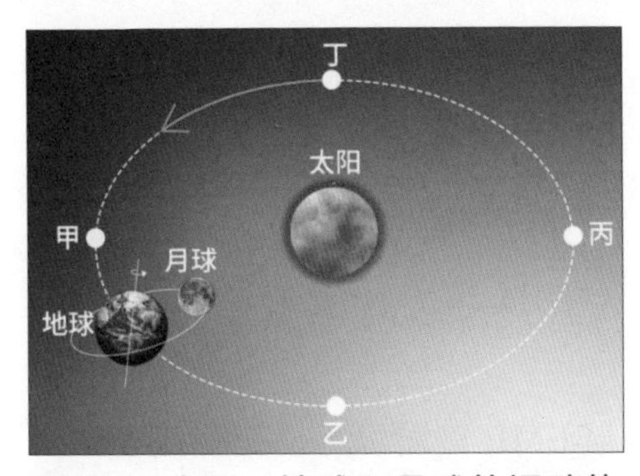

图 3.5 太阳、地球和月球的运动轨迹示意图

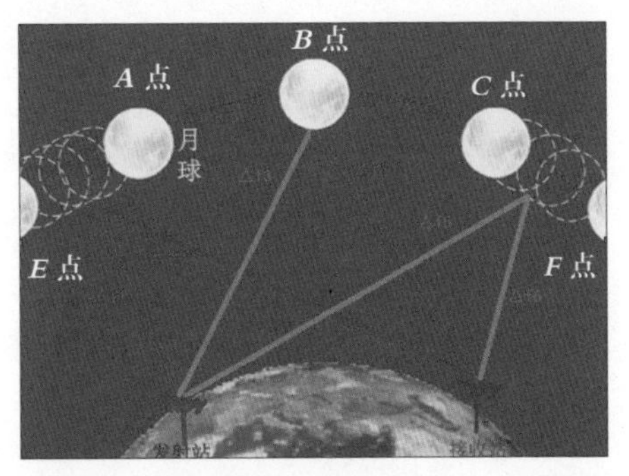

图 3.6 多普勒频移影响 EME 通信的示意图

$(\Delta f_3+\Delta f_4)=0$；同理月球从 C 点向 F 点运动，月球远离发射站和接收站，故 $\Delta f_5<0$ 且 $\Delta f_6<0$，此时多普勒频移 $(\Delta f_5+\Delta f_6)<0$。根据多普勒频移效应，最终推导出的多普勒频移公式为：

$$\Delta f=\frac{f}{c}\times v\times \cos\theta \tag{3.3}$$

在公式（3.3）中，Δf 是多普勒频移，单位为 Hz；θ 是发射站或接收站与月球连线和相对运行方向之间的夹角，单位为°；v 是地球自转的速度，单位为 m/s；c 是电磁波传播速度，$c=3\times10^8$m/s；f 为载波频率，单位为 Hz。

EME 通信的总路径为 R，波长为 λ，传播总数为 $\frac{R}{\lambda}$，每个波长对应相位的变化为 2π，传播路径的总相位变化的公式如下。

$$\Delta\Phi=2\pi\times\frac{R}{\lambda} \tag{3.4}$$

由于地月相对运动，R 和相位都会随着时间变化而变化，求相位和时间的导数，可得到相位随时间的变化率，即角频率的计算公式如下。

$$\omega=\frac{\Delta\theta}{\Delta t}=\frac{2\pi}{\lambda}\times\frac{\Delta R}{\Delta t} \tag{3.5}$$

角频率的单位为 rad/s，从公式（3.5）中可以看到相位随时间的变化率是角频率，因而得到多普勒频移与 EME 传输总路径的变化率成正比。典型的 EME 通信频率的最大多普勒频移如表 3.3 所示。

表 3.3　典型的 EME 通信频率的最大多普勒频移

序号	频率（MHz）	最大多普勒频移
1	144	440Hz
2	1296	4000Hz
3	10 000	30 000Hz

3.3 法拉第旋转

在开始 EME 通信前，我们需要调整接收天线的方位角和极化角，以便接收到较强的信号。在 EME 通信过程中，我们会发现一个有趣的现象：需要不断地调整极化角，以接收到最强的信号。这是由于地球存在磁场，电波在穿过电离层时受地磁的影响导致其极化角发生了偏转，我们称这种现象为法拉第旋转效应。

3.3.1 法拉第旋转效应的发现

1845 年，英国科学家法拉第在探究电磁现象和光学现象之间的关系时偶然发现当一束偏振光穿过介质时，如果在介质中沿光的传播方向加上一个磁场，我们可以观察到光到达后振动面时会有一个角度偏转，如图 3.7 所示，这种现象被称为法拉第效应。

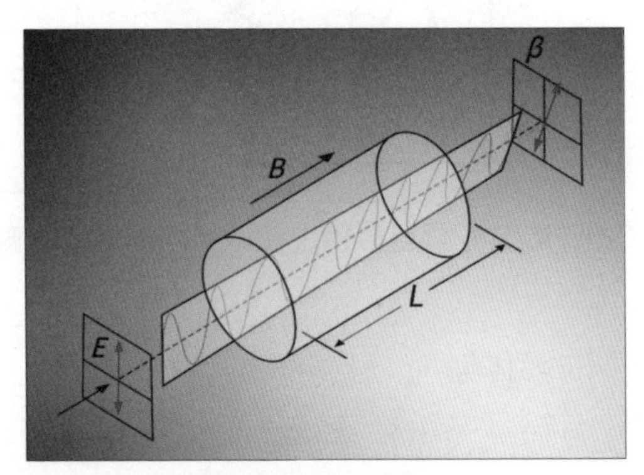

图 3.7　法拉第效应示意图

实验表明，法拉第效应可定量描述为当磁场不是很强时，偏转角度 ψ 与磁感应强度 B 和光穿越介质的长度 L 的乘积成正比，这个规律又叫法拉第-费尔德定律，即 $\psi=\mathrm{V}BL$ 。在公式中 V 为费尔德常数，与介质性质及光波频率有关。

3.3.2 法拉第效应与EME通信

电离层本身是个等离子体，地球产生的恒定磁场使电离层变成了磁化等离子体。我们发射的无线电波在穿过磁化等离子体时就会被分解成两个等幅而旋转方向相反的圆极化波。而且因为受地球磁场的影响，被分解的两个圆极化波相位变化速率不一致，这就使合成后的电波的极化角会产生偏移，如图 3.8 所示。

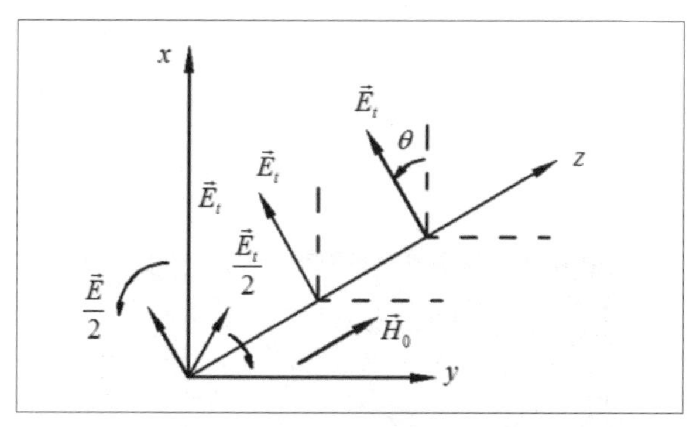

图 3.8　电波分解且各相位移速不同而形成的偏移角

法拉第效应中的极化偏转方向只取决于磁场的方向，因此在接收电波时，偏转角是累加的，无法抵消。幸运的是，如果在通信中，电波极化偏转了 360° 的整数倍，则相当于没有受到法拉第效应的影响。

地球电离层的厚度不同，尤其是极地或赤道上空，再加上日出日落的影响，偏转角会有非常明显的变化。根据这个原理，我们可以通过测量电波偏振面的旋转角，推算电波路径上的总电子含量。

3.3.3 频率与法拉第旋转的关系

为更直接地表示电波在不同频率穿透电离层时的法拉第旋转角数值大小，我们引用在（20° N,75° E）经纬度下采用国际参考电离层模型提供的计算结果，如表 3.4 所示。表中的数据以太阳活动强度中等、太阳黑子指数为 50.9、入射角为 50° 、方位角为 18° 为参考值。

表 3.4　电波在不同频率穿透电离层时的法拉第旋转角

序号	频率（GHz）	法拉第旋转角（°）
1	0.02	10800
2	0.144	720
3	0.432	360
4	1.4	12.1
5	6.8	0.51
6	10.7	0.21
7	18.7	0.07
8	23.8	0.04
9	37	0.02

3.4 天空噪声

EME 成功通信的关键是要确保接收的信号满足一定的信噪比。前文介绍了信号在传输过程中由于自由空间传输损耗、大气吸收损耗、法拉第旋转等因素的影响，信号强度变弱、信噪比降低。在 EME 通信过程中，受天空噪声的影响，也会增加信号的噪声进而降低信噪比。

天空噪声包含银河系噪声、太阳噪声、月球噪声、行星噪声和电离层的聚焦和散射等。天空噪声的典型值如图 3.9 所示。对于北半球的电台，天空噪声影响非常明显，特别是月球处于新月或处于最南端时，EME 通信效果均不理想。

3.4.1 银河系噪声

银河系宇宙背景存在着稳定的、频段范围宽广的无线电波辐射

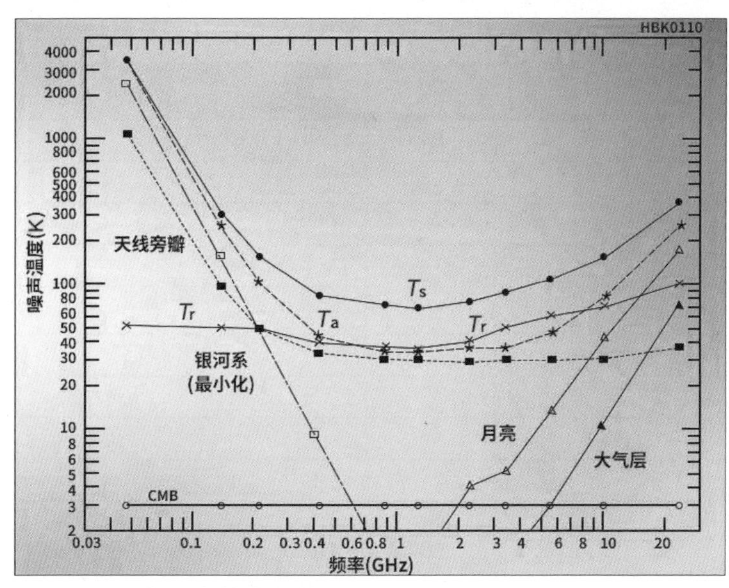

图 3.9 天空噪声的典型值

造成的噪声。银河系对 50MHz 频段的电磁信号有很大的影响，在 144MHz 和 432MHz 频段进行 EME 通信，银河系噪声的影响也是比较大的，尤其是在 144MHz 频段，主要的噪声源是来自银河系的背景噪声辐射。

如图 3.10 所示，其中上图中的虚线为银河系面，正弦曲线（实线）为黄道面。地球绕太阳公转的轨道平面（黄道面）运动，月球在每月中沿黄道面 ±5° 范围进行运动。在噪声温度为 200K、500K、1000K、2000K 和 5000K 时绘制等高线图。其中下图是沿着黄道面绘制 144MHz 处的星空背景噪声投影，并以波束宽度 15° 进行平滑。

该图绘制了全星空的 144MHz 频段噪声温度。可以看出，沿着银

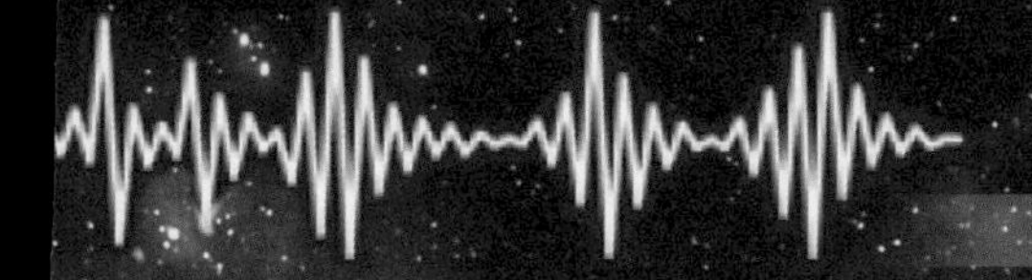

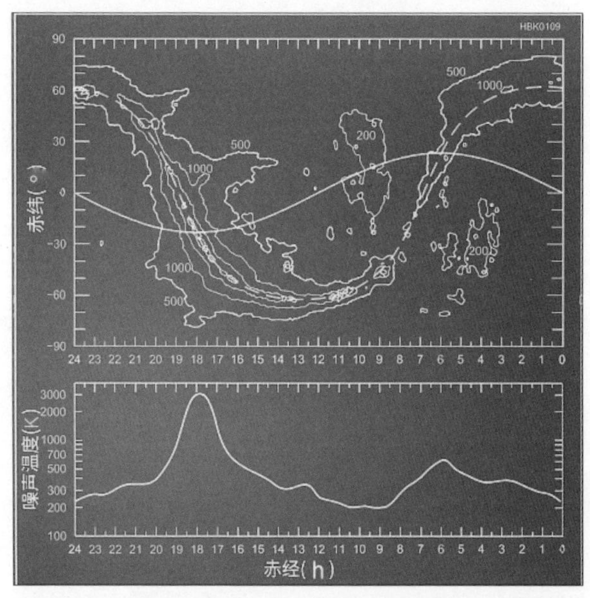

图 3.10　144MHz 频段全星空背景噪声等高线示意图

河系面的噪声最强，且指向银河系的中心。同时，银河系噪声温度与频率的 2.6 次幂成反比，故在 50MHz 频段处的噪声温度应乘以 15，而在 432MHz 频段处的噪声温度应除以 17。在 1296MHz 及以上频率，大多数方向上的银河系噪声均可忽略。

3.4.2 太阳噪声

太阳的辐射同样会影响 EME 通信，太阳内部不断发生核聚变，产生大量的能量，这些能量以电磁波的形式辐射出去。太阳黑子、太阳耀斑、太阳风等太阳活动产生的噪声也会影响无线电信号的传播（太阳黑子对噪声温度的影响见表 3.5）。

表 3.5　太阳黑子对噪声温度的影响

序号	频率（MHz）	温度（K）（太阳黑子数量为 0）	温度（K）（太阳黑子数量为 100）
1	144	1 100 000	1 210 000
2	220	1 000 000	1 120 000
3	432	400 000	600 000
4	1296	150 000	300 000

在发射机或接收机与太阳和月球共线时，或者天线有很大的旁瓣时，所收到的太阳辐射噪声会非常强，有时甚至会超过接收机所具有的噪声。若使用较低的波段进行 EME 通信，太阳辐射噪声相对较为严重。

3.4.3 月球噪声

月球黑体温度在 S 频段为 220K 左右，在 Ka 频段和 X 频段为 240K。月球的视直径与太阳几乎一样，约为 0.5°。月球噪声温度在天线波束的偏移角大于 2° 时可以忽略不计。对于 430MHz 和 1.2GHz 频段，有可能会接收到银河系星球的辐射噪声干扰，月球表面产生的约为 210K 的辐射噪声也会对信号产生干扰（见表 3.6）。

3.4.4 行星噪声

天线的波束经过行星附近时，行星产生的噪声也会对接收造成一定影响，行星的运动规律也可能造成电波的实际传播路径变得更远，示意图如图 3.11 所示。

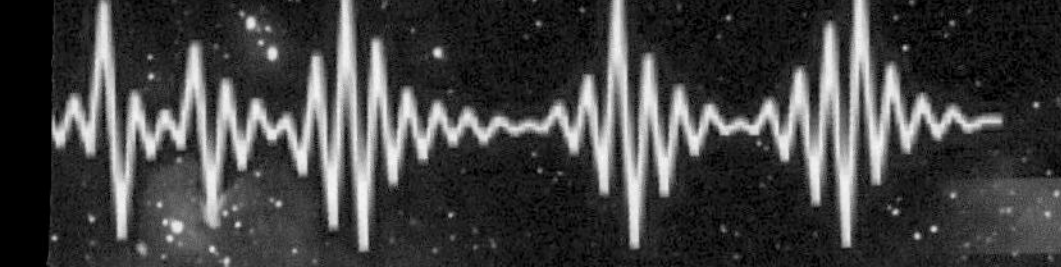

表 3.6　典型频率的天空噪声温度

频率（MHz）	CMB（宇宙微波背景噪声）温度（K）	大气噪声温度（K）	月球噪声温度（K）	银河系噪声温度（K）
50	3	0	0	2400
144	3	3	3	160
432	3	0	0	9
902	3	3	1	1
1296	3	0	2	0
2304	3	0	4	0
5760	3	3	13	0
10 368	3	10	42	0

图 3.11　行星对 EME 产生的噪声示意图

3.4.5 电离层聚焦和散射噪声

地球的电离层会对 EME 通信的信号传输产生影响，影响程度主要取决于穿过电离层的直线距离，在低海拔地区影响较为明显。电离层磁暴对 VHF 和 UHF 频段产生的影响较大，主要发生在夜间的赤道上空或极光区域上空。

本章系统地梳理了 EME 通信过程中，影响信号传输质量的各种因素，以及对无线电信号强度影响的大小，对后面介绍关于 EME 通信系统的链路预算、工程实施中发射和接收系统的选型提供了理论依据。

第 4 章 EME 通信系统

4.1 系统组成

EME 通信系统主要由发射单元、天线（发射天线和接收天线）和接收单元 3 部分构成（见图 4.1），实现从地球上发射无线电信号，并接收经月球反射后，又回到地球的信号的过程。受传输距离超长、电离层对信号的吸收、月球反射的损耗以及极化衰减等因素影响，电波传输损耗高达 250dB 以上，因此只有极其微弱的回波信号能被接收到，

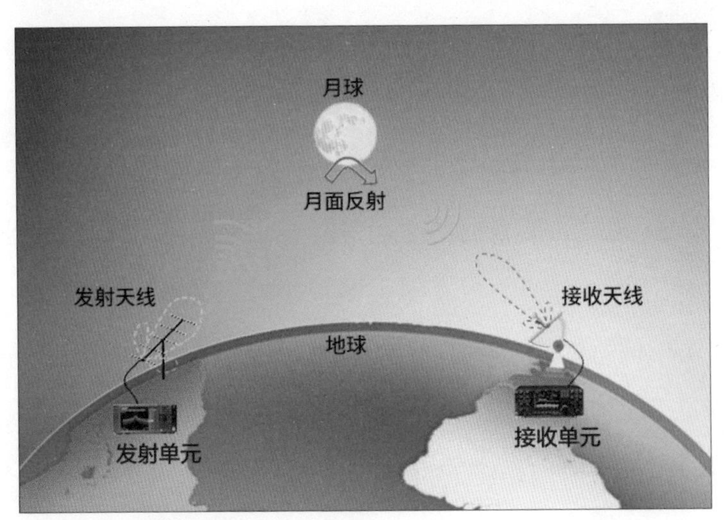

图 4.1 EME 通信系统示意图

这对通信系统各环节都提出了很高的要求。

根据无线电通信的基本原理，要正确地解调信息，接收到无线电信号的信噪比（*SNR*）就要高于一定的阈值，*SNR* 用分贝（dB）表示的公式如下。

$$SNR=P_r-P_n=P_t+G_t-L+G_r-P_n \quad (4.1)$$

在公式（4.1）中，*SNR* 表示接收信号的信噪比，单位为 dB；

P_r 表示接收信号功率，单位为 dBw；

P_t 表示发射信号功率，单位为 dBw；

P_n 表示总噪声功率，单位为 dBw；

G_t 表示发射天线增益，单位为 dBi;

L 表示路径传输损耗，单位为 dB;

G_r 表示接收天线增益，单位为 dBi。

由公式（4.1）可知，提高接收信号信噪比的途径包括增加发射功率、增大发射/接收天线的增益和减小接收端的噪声（提升接收机的灵敏度）。

在 EME 通信的研究初期，受编码技术、电子元器件等方面的限制，天线设备体积庞大，发射机功率需高达几百甚至上千瓦，其通信系统的复杂程度和高昂的硬件成本对大多数爱好者来说遥不可及。随着高频电子技术和信号处理技术的不断发展，EME 通信系统也在不断演进，应用微波频段实现 EME 通信的门槛越来越低，实现方式也趋于多样化。因此，我们在进行通信系统的设计和搭建方面有了更多选择。

通信系统的设计是各个环节综合平衡的结果。根据工作频率不同，

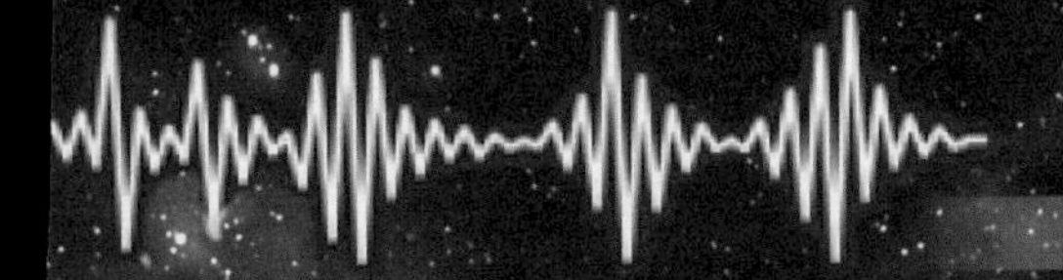

EME 通信过程中的路径传输损耗，从 50MHz 频段约 242.9dB 变化至 10.368GHz 频段约 289.2dB，传输损耗随着频率的增高不断增加。而在工程实践中，若使用一定的发射功率，信号在较高频率下发射，高增益的天线会产生较窄的波束，更容易产生较高的通量密度，月球的回波将会更强。

经过不断地探索与实践，业余无线电爱好者总结出了基于连续波制式进行通联的系统设计方案，包括天线类型、尺寸、增益及发射机功率等参数，如表 4.1 所示。

表 4.1 连续波 EME 通信典型天线和功率要求

频率（MHz）	天线类型	天线尺寸（m）	增益（dBi）	3dB 波束宽度（°）	发射功率（W）
50	4 组八木天线阵列	4×12m	19.7	18.8	1200
144		4×6m	21.0	15.4	500
432		4×6m	25.0	10.5	250
1296	抛物面天线	3m	29.5	5.5	160
2304		3m	34.5	3.1	60
3456		2m	34.8	3.0	120
5760		2m	39.2	1.8	60
10 368		2m	44.3	1.0	25

4.2 通信天线

4.2.1 天线要求

天线是决定 EME 通信站性能的重要因素之一，EME 通信要求天线增益尽可能高。八木天线和抛物面天线由于具有增益高、易于建造、风阻较低等优点，成为业余无线电爱好者设计、制作的首选，以下主要针对八木天线和抛物面天线进行介绍。

4.2.2 天线增益

根据工程经验，设计较好的长度为 *d* 的八木天线增益近似值的计算公式如下。

$$G = 8.1\lg(\frac{d}{\lambda})+11.4 \qquad (4.2)$$

在公式（4.2）中，*G* 表示天线增益，单位为 dBi；

d 表示八木天线的整体长度，单位为 m；

λ 表示无线电波波长，单位为 m。

直径为 *d* 的抛物面天线在效率为 55% 的典型馈线设置下，增益近似值的计算公式如下。

$$G = 20\lg(\frac{d}{\lambda})+7.3 \qquad (4.3)$$

在公式（4.3）中，*G* 表示天线增益，单位为 dBi；

d 表示抛物面天线直径，单位为 m；

λ 表示无线电波波长，单位为 m。

根据公式（4.2）和公式（4.3），我们可以了解利用八木天线（阵列）和抛物面天线进行 EME 通信的典型设计方案。图 4.2 所示为上述天线在不同频段的增益变化情况，在低于 430MHz 的频段，八木天线阵列的增益较高，尺寸上也更易于制作。在高于 1.2GHz 的频段，抛

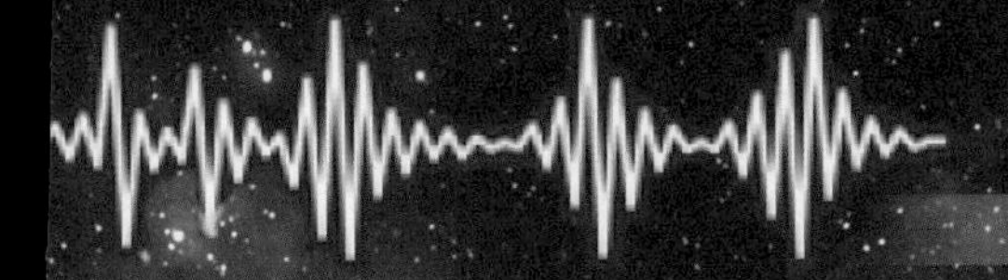

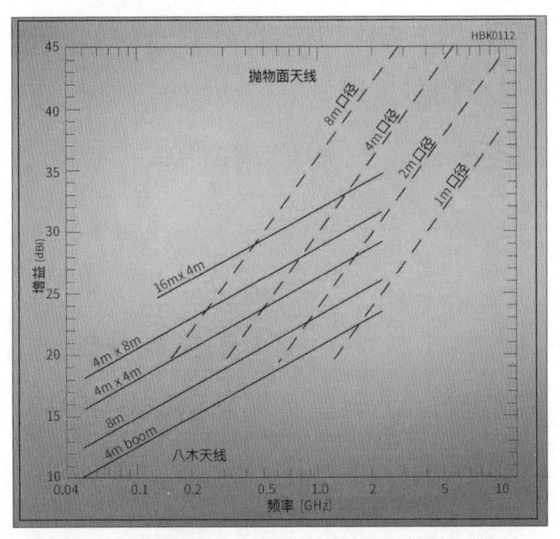

图 4.2　八木天线（阵列）和抛物面天线在不同频段的增益变化情况

物面天线的增益更高。

4.2.3 天线方向图

EME 通信天线的辐射方向图要求旁瓣尽可能小，否则发射时会分散辐射功率，接收时容易引入外界噪声。实践证明，在 430MHz 以上频段，通过旁瓣接收的噪声会显著增加系统的噪声温度。由于绝大部分 EME 天线的主瓣和旁瓣较宽，在接收端会收到其他辐射源的噪声。因此，在选择和设计天线时，要尽可能使方向图尖锐，并抑制旁瓣。

4.2.4 天线设计

早期 EME 通信使用的工作频率较低，当时，八木天线成了最佳选择。八木天线由主振子、反射器和引向器3个基本部分组成（见图4.3），其增益与轴向长度、振子数量、振子长度和振子间距都有密切关系。其中，引向器数量变多时，最佳长度变短；间距变长时，其增益变高，频带变窄。

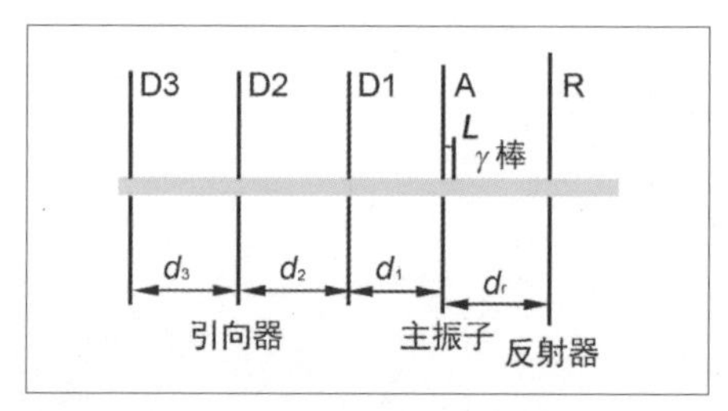

图 4.3　八木天线结构示意图

图4.4所示是早期业余爱好者设计的一副10振子的八木天线，长约5.83m，可实现约15.3dBi的增益，用于144MHz频段通信。

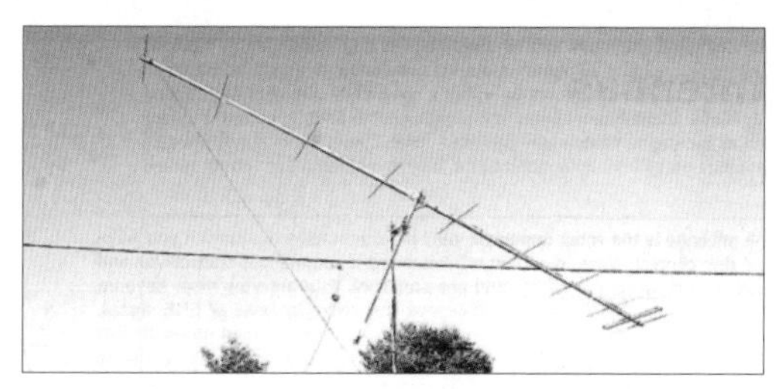

图 4.4　早期单副八木天线示例图

表4.2所示为八木天线部分几何参数。

表 4.2　八木天线部分几何参数

名称	长度	间距
引向器	（0.41 ~ 0.46）λ	（0.15 ~ 0.4）λ
反射器	（0.5 ~ 0.55）λ	（0.15 ~ 0.23）λ
主振子	（0.46 ~ 0.49）λ	

在八木天线阵列里，天线振子数量每增加一倍，阵列可以提高近 3dB 的增益 (减去相位线损耗)，目前比较流行的是采用 4 副八木天线组成八木天线阵列。天线阵列采用功分器和移相器将发射单元输出功率做适当分配，然后输入每副八木天线。需要注意的是，多副天线之间会互相影响。天线阵列的组成结构不仅影响增益，也会影响天线的驻波特性，需要反复试验调整。

图 4.5（a）和图 4.5（b）所示为 4 单元八木天线组成的阵列，工作于 144MHz 频段，可实现 20dBi 以上的增益。图 4.5（c）所示为大型八木天线阵列，可实现高于 25dBi 的增益。

（a）4 单元八木天线阵列

（b）4 单元“H 形”八木天线阵列

（c）大型八木天线阵列

图 4.5　八木天线阵列

在 1.2GHz 以上的微波

频段，相对于八木天线，抛物面天线更容易实现EME通信，其增益更高，方向性更强。

设计抛物面天线时，有以下注意事项：（1）应尽量增大天线直径，采用低噪声系数的高频头；（2）抛物面天线的反射面并不需要用整块金属板制作，可采用金属网或金属条，反射网网孔小于1/10波长即可，可节省材料，降低制作难度，减轻天线重量；（3）抛物面天线只要更换或增加馈源就能改变天线工作频段，通过旋转馈源可改变天线的极化。

在1.2GHz以上频段，使用中等尺寸（口径约为4m）的抛物面天线可以获得25dBi及以上的增益。图4.6（a）所示为7.3m口径的抛物面天线，用于432MHz和1296MHz频段的通信；图4.6（b）所

（a）7.3m口径的抛物面天线

（b）3.7m口径的抛物面天线

（c）3m口径的抛物面天线

图4.6　抛物面天线

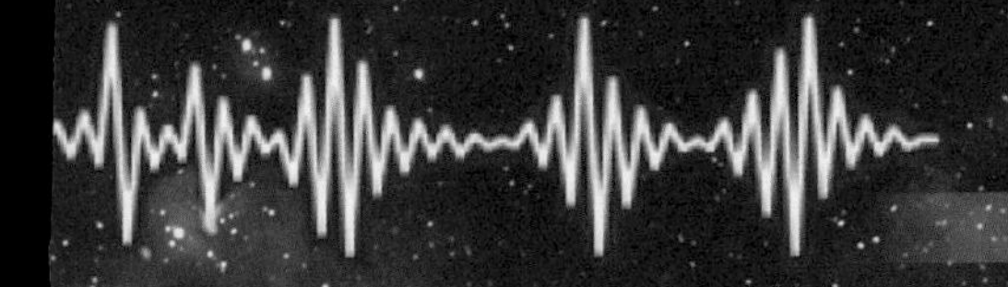

示为 3.7m 口径的抛物面天线，用于 5.76GHz 频段通信；图 4.6（c）所示为 3m 口径的抛物面天线，用于 10GHz 和 5.76GHz 频段通信。

4.2.5 天线极化

在 EME 通信中，为克服空间极化偏移和法拉第旋转角对接收的影响，可采用如下的解决方案：在 VHF 和较低 UHF 频段上，采用交叉极化八木天线阵列，可以有效地克服极化旋转的影响。在 1.2GHz 以上频段，由于月面反射产生圆极化反转，使用抛物面天线在圆极化某一方向上进行发射，则在相反的极化方向上进行接收。例如采用右旋极化发射和左旋极化接收的方式，已经成为 1.2GHz 频段和 2.3GHz 频段 EME 通信标准，并且也将成为更高频段的使用标准。

4.2.6 天线架设

EME 天线具有增益高和主波束窄的特性，天线需要准确地对准月球。目前主要有 3 种基本架设结构。

第一种是固定架设。该方法实现简单，在通联（QSO）过程中不需要调整。很多低配电台系统或临时架设的天线采用这种做法。但这种架设方法的局限性在于通联时间比较短，只在月亮升起或者下落（月球位置与架设点水平面夹角为 0° ~12° 时）这段时间能正常进行，整个过程约 40min。图 4.7（a）~ 图 4.7（d）所示为固定架设的八木天线（阵列）。

（a）144MHz 频段单八木天线

（b）144MHz 频段双八木天线

（c）432MHz 频段单八木天线

（d）432MHz 频段双八木天线

图 4.7　固定架设的八木天线

第二种是极轴架设（见图 4.8）。该方法是将天线固定在一个主轴上，保持天线的仰角不变，仅调整主轴方位角。预先调整主轴安装仰角的角度，让主轴与月球运行轨道平面相垂直（该角度随地球、月球的相对运动，每天约偏转 2°，每次使用前需要重新固定）。使用时，

图 4.8　极轴架设的抛物面天线

只需旋转主轴方向角就能跟踪月球。主轴采用电动控制，安装一个电动控制器即可。月球在天空的移动速度比较慢，因此，采用这种架设方法也很容易通过人工调整角度追踪月球。

第三种是两轴架设（见图 4.9）。采用该架设方法，天线分别由水

图 4.9　两轴架设的八木天线阵列

平方向旋转器和垂直方向旋转器控制（也称水平、俯仰旋转器）。天线可以跟踪空中的任意一点，但是需要同时控制方位角和俯仰角。两轴架设是目前 EME 通信天线最普遍的架设方法。

4.3 发射单元

4.3.1 发射机

通信系统的发射机需要完成 3 次信号转化：首先将传输信息转化成低频电信号；然后将低频电信号转化到高频段（中频）；最后将高频信号转化为电磁波（射频）通过天线辐射出去（如图 4.10 所示），其中发射机为了将信号传输得更远，需要在调制信号之后增加高频功率放大器。

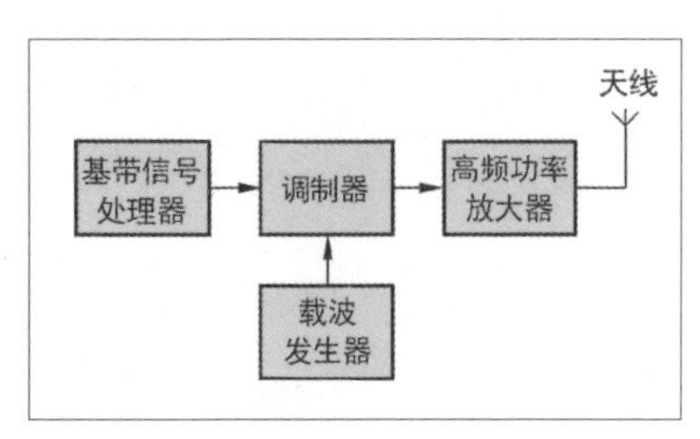

图 4.10　发射单元结构图

根据公式（4.1），接收端的信噪比与发射功率 P_t、噪声功率 P_n 相关，而接收带宽范围内的热噪声功率可用公式表示：

$$P=\mathrm{K}TB \tag{4.4}$$

在公式（4.4）中，P 表示热噪声功率，单位是 W；

K 表示波尔兹曼常数，单位是 J/K；

T 表示绝对温度，单位是 K，KT 就是在当前温度下每赫兹的热噪声功率；

B 表示信号带宽，单位是 Hz。

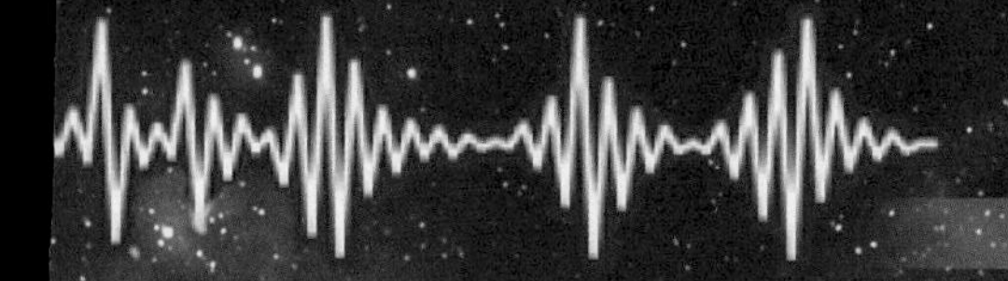

由公式（4.4）可知，信号带宽会影响热噪声功率，因此，为减小噪声功率，EME 通信信号常选取为莫尔斯电码（Morse）和单边带（SSB）等窄带信号。目前不少商用发射机能够实现上述信号的调制和发射。图 4.11 所示的发射机能工作于 144MHz、432MHz 和 1.2GHz 等多个频段。

图 4.11　发射机示例

动手能力较强的爱好者也可以自己制作发射机。值得注意的是，发射机产生信号的振荡器随工作时间变长可能产生频率漂移。对于发射机尤其是兼具收发功能的设备，在开始工作之前一定要测试发射频率的稳定度，为了获得最佳的连续波效果，在工作频率上 1min 左右的频率漂移不应超过 10Hz。

4.3.2 线性功率放大器

在 EME 通信中，尽可能使用较高的发射功率，采用外接线性功率放大器可以提供从 100~1500W 的功率输出。很多业余无线电爱好者利用电子管和晶体管自制功率放大器，也能取得很好的功率放大效果。

在 50 ~ 432MHz 的频段范围内，利用三极或四极真空管如 4CX250、8930、8877、GU-74B 和 GS-35B 等，都可以提供高达 1000 ~ 1500W 的功率输出。图 4.12 所示为专门为 EME 通信设计的线性功率放大器，能够长时间将信号的发射功率放大至 400W，甚至能够在 1000W 的输出状态下连续工作 30min。

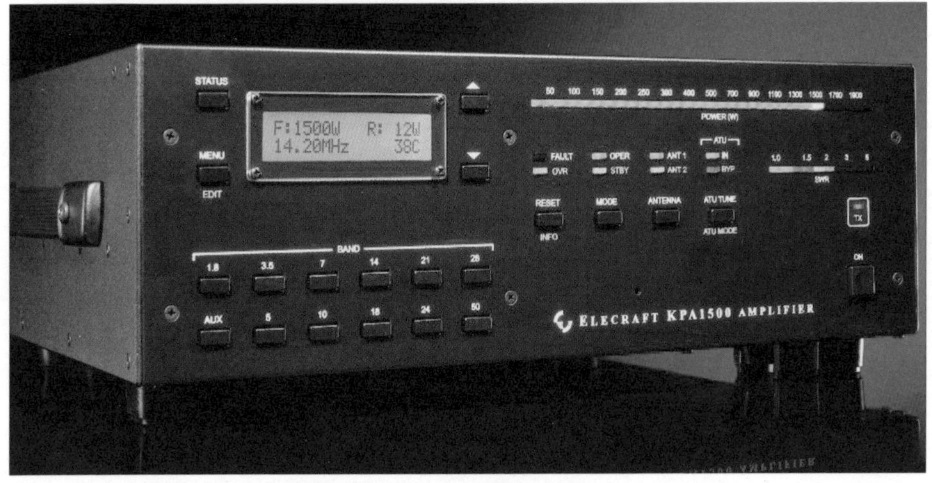

图 4.12 专门为 EME 通信设计的线性功率放大器

在高于 1.2GHz 的频段，一些高功率管如 GI-7B、TH308 和 YL1050 都能满足要求。此外，在高频段使用行波管（TWT）也能实现百瓦级输出功率。

近年来，固态功率放大器（SSPA）在卫星通信领域迅速普及应用，价格逐渐下降，功率性能逐渐提高，而且它具有频带宽、线性好、寿命长和易维护的特点，在 EME 通信中的应用也越来越多。

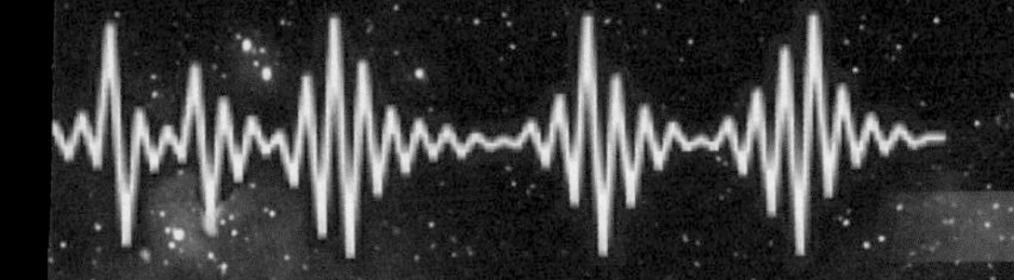

4.4 接收单元

4.4.1 接收机灵敏度

接收机灵敏度是衡量接收机识别最小信号的能力。只有接收的信号电平强度高于接收机的灵敏度，才能正确解调出信号信息。由于在EME通信中，接收天线能收到的回波信号强度非常低，因此EME通信中使用的接收机要有较高的灵敏度（灵敏度值很小），才有利于通信成功。

接收系统灵敏度计算公式如下式：

$$S = 10\lg(KTB) + NF + SNR \tag{4.5}$$

式中：S 表示接收灵敏度，单位是dBw；

KTB 表示带宽范围内的热噪声功率，单位是W；

NF 表示接收系统的噪声系数，单位是dB；

SNR 表示解调所需信噪比，单位是dB。

由公式（4.5）可知，在 KTB 和 SNR 两个因素不易改变的前提下，要提高接收系统灵敏度，就只能降低接收系统噪声系数。接收系统可以看成是 n 级电路串联组成的系统，其总的噪声系数如公式（4.6）所示。

$$NF_{1\cdots n} = NF_1 + \frac{NF_2-1}{G_1} + \frac{NF_3-1}{G_1G_2} + \cdots + \frac{NF_3-1}{G_1G_2\cdots G_n} \tag{4.6}$$

在公式中，NF_n 表示第 n 级的噪声系数，单位为dB；

G_n 表示第 n 级的增益，单位为dB；

$NF_{1\cdots n}$ 表示接收系统总的噪声系数，单位为 dB。

由公式（4.6）可知，增加前置低噪声放大器（LNA）可以大大提高信号的信噪比，提高接收效果（见图 4.13）。

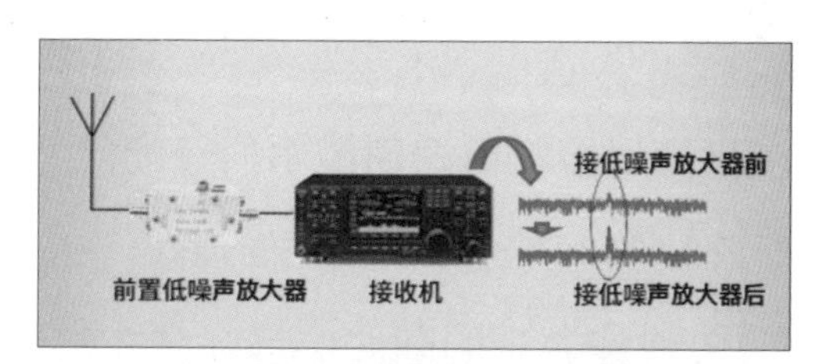

图 4.13　低噪放大器效果示意图

要提高接收系统的灵敏度，主要是通过选用低噪声系数的接收机和增加前置低噪声放大器。在接收系统总的噪声系数中，越靠近接收前端部件的噪声系数和增益对接收系统整体的噪声系数影响越大，所以将 LNA 安装在离天线端较近的位置至关重要。实践证明，在天线和接收机之间，无论使用多短的馈线，都会引入衰减和噪声，LNA 前的每 0.1dB 损耗会导致接收机灵敏度损失约 0.5dB。

EME 通信中的 LNA 一般要求自身噪声系数低于 0.8dB，放大倍数不低于 20dB。目前，LNA 常采用 GaAs FET（砷化镓场效应晶体管）或 HEMT FET（高电子迁移率晶体管）等低噪声场效应元器件制成。基于 G4DDK 设计的工作于 1.296GHz 频段的 LNA 如图 4.14 所示，噪声系数为 0.19dB。

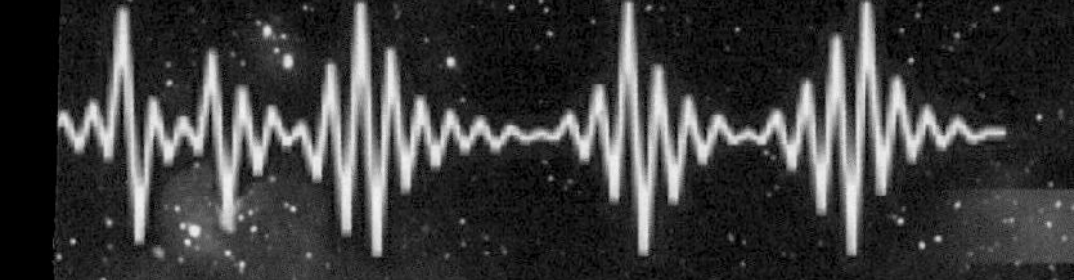

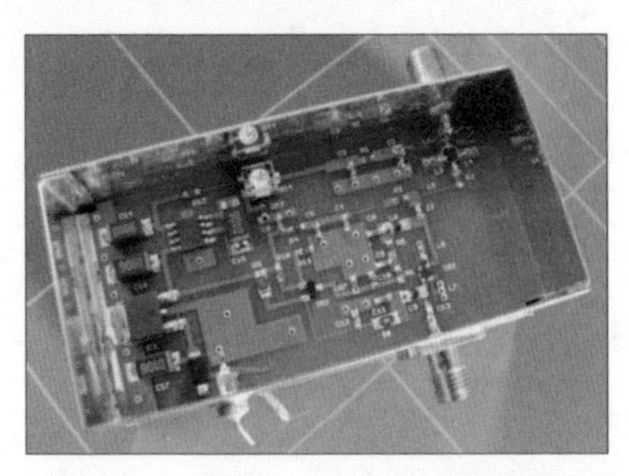

图 4.14 基于 G4DDK 设计的 LNA

4.4.2 解调方式

在 EME 通信中，接收的信号通常非常微弱，目前主要采用莫尔斯电码和数字调制方式。因此 EME 接收机要有 CW 或 JT65 等对应模式的信号解调功能。

接收机设置为 CW 解调模式，可解调莫尔斯电码的音频信号，然后人工通过音频的通断来解析莫尔斯电码的通信内容，或者将音频输入计算机，利用 CwGet（莫尔斯电码翻译器）等软件解码通信内容。

EME 数字通信一般是通过软件完成的（比如 JT65 模式常用 WSJT 和 JT65 软件），图 4.15 所示为常见的接收解调过程，接收机收到 EME 通信信号，采用 SSB 解调方式解调出音频，再将音频输入

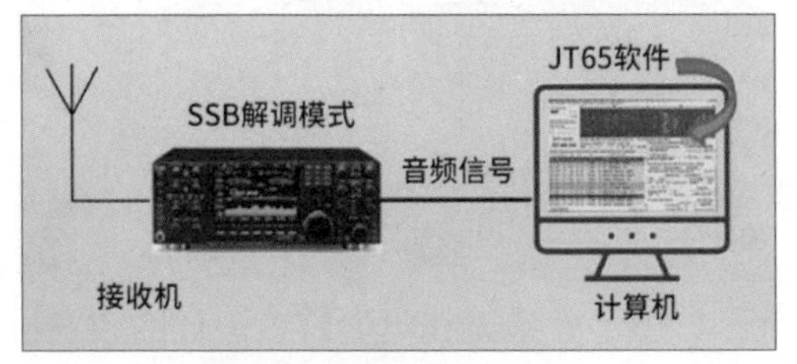

图 4.15 接收系统解调过程

计算机，计算机利用相应软件解调出通信内容。由此可以看出要进行EME 数字通信，接收机要具备 SSB 解调功能。

在 EME 通信中如果使用莫尔斯电码进行通联，接收机要具有 CW 信号解调模式；使用数字通信方式进行联络，接收机则要具备 SSB 信号解调功能。所幸业余无线电爱好者常使用的 FT-847、FT-857、FT-897、IC-706、IC-820、IC-7000、IC-910、IC-9100、TS-2000 等电台具备 CW 和 SSB 解调模式。

4.4.3 接收机

目前业余无线电爱好者使用的大多是兼具收发功能的通信设备。业余无线电爱好者设计的收发机如图 4.16 所示，能输出 100W 的发射功率，其接收机内部噪声系数约为 0.9dB。

图 4.16　业余无线电爱好者设计的收发机

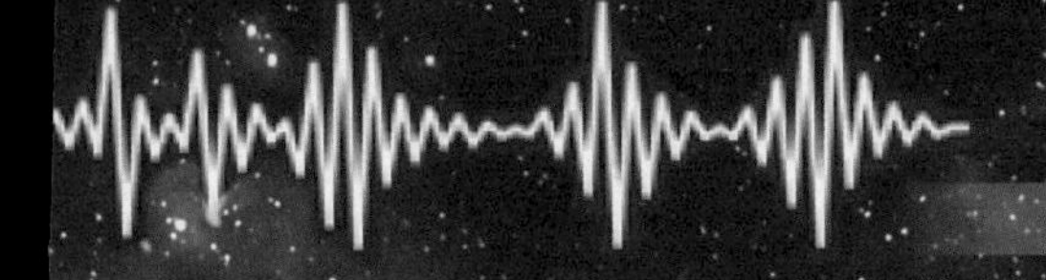

4.4.4 接收机配件

使用兼具收发功能的收发机时，同一副天线要根据发射和接收状态进行切换，通常还要用继电器实现配置切换。在发射时，LNA 不能接入电路，要使用承载高功率低损耗的线路；在接收时，切换到连接 LNA 的接收线路如图 4.17（a）所示。

为了充分利用双线极化系统，还可使用 额外的继电器，发射时选择水平极化或垂直极化，在接收时同时使用两种极化方式。双通道接收机可以对两个通道中的信号进行线性组合，以精确匹配期望的信号极化方式，如图 4.17（b）所示。

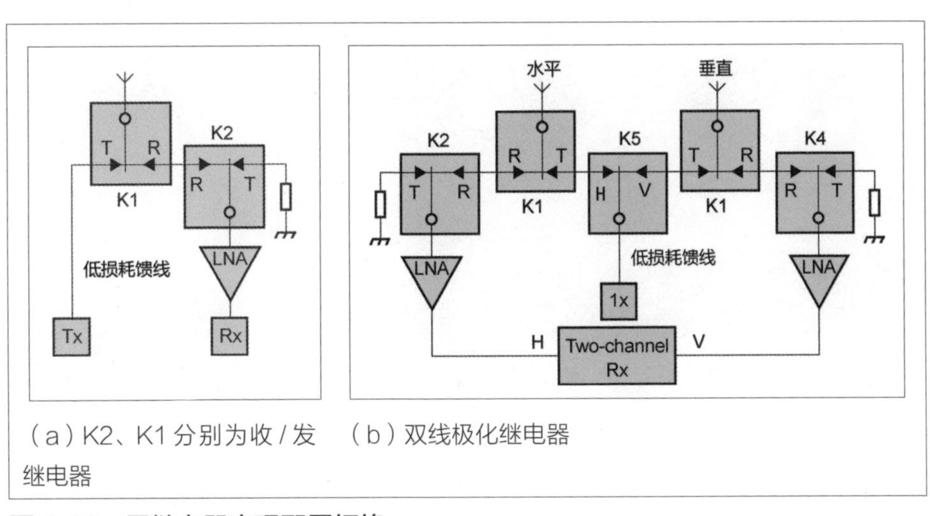

（a）K2、K1 分别为收 / 发继电器　（b）双线极化继电器

图 4.17　用继电器实现配置切换

在选择馈线的时候要注意发射和接收线路都不能用普通的同轴线缆，要用低损耗的发泡或超发泡馈线，同时要尽可能缩短馈线长度，减小损耗。

4.5 结语

随着电子元器件和通信技术的发展，业余无线电爱好者对通信系统进行了诸多试验改进，在发射端提升发射效率，降低发射功率；在接收端进一步降低接收机本底噪声，提升灵敏度，增加抗饱和措施；天线系统采用阵列天线，并尽量进行小型化设计。

本章对 EME 通信系统发射单元、天线和接收单元的特点分别进行了说明，后续章节将详细介绍 EME 通信系统所发射信号的通信制式和机理特点。

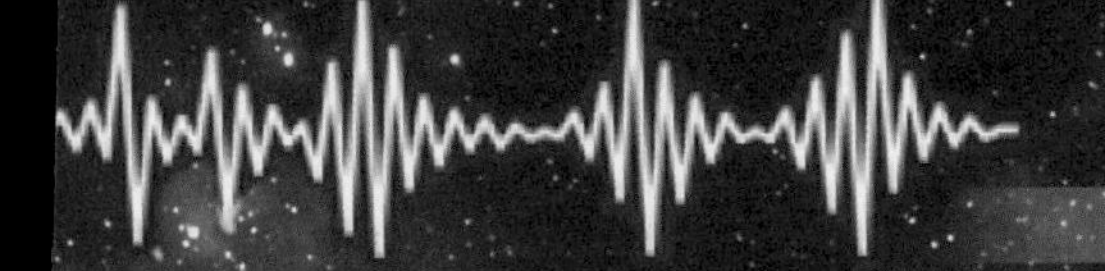

第 5 章 EME 通信制式

在前几章中，我们介绍了 EME 通信链路的长度约为 7.6×10^5km，传输损耗在 144MHz 约为 250dB，EME 通信系统的链路长度与传统传输损耗远远大于其他无线电通信系统。由于业余无线电收发系统的发射功率、天线增益等指标相对受限，因此必须采用在较低信噪比下的高可靠性通信制式，才能满足 EME 通信的需求。

采用连续波制式的莫尔斯电码具有模式简单、使用广泛、收发信机成本低廉等特点，且在微弱信号的通信链路上使用效果比较好，成为许多业余爱好者们在早期 EME 通信中的首选，其也是 EME 通信的传统制式。

数字制式具有传输可靠、性能优异的特点。近年来，数字制式在业余无线电领域广泛应用，逐渐成为目前主流 EME 通信的制式。本章将介绍莫尔斯电码和数字通信两种制式的特点。

5.1 连续波制式

5.1.1 莫尔斯电码简介

莫尔斯电码是一种早期的数字化通信制式，于 1836 年由美国人艾尔菲德·维尔与萨缪尔·莫尔斯发明。莫尔斯电码最早用火花间隙式发射机发送，其发送的信号是一种指数递减的“阻尼波”，虽然使用广泛但传播效率很低，因此很快被连续波调制传输的莫尔斯电码取代。连续波制式采用一种频率平稳、时断时续的无线电信号传送信息，现在被称为“CW”（Continuous Wave，连续波），它有以下3个优点。

1. 编码简明

连续波采用国际统一的莫尔斯电码，以国际通信的Q简语以及英文单词的缩写作为发报内容，不存在语言障碍，对于国内爱好者来说，即使英文水平一般，学习莫尔斯电码后，也能熟练掌握并与世界各国的业余无线电爱好者进行简单的常规通联。

2. 传输优质

连续波采用等幅音频信号，在联络过程中，双方听到的都是某种音调的单一信号，没有语音音频那种幅度较大的变化，因此连续波是一种分辨率很高、抗干扰很强、等功率下传输距离较远的通信方式。

3. 设备简单

连续波是等幅电报，其发射机结构是所有通信制式中最简单的。因此，发送连续波的发射机相对容易制作。

5.1.2 国际莫尔斯电码规则

莫尔斯电码由一种“时通时断”的信号代码组合而成，通过不同的“点”“划”排列顺序可表达不同的英文字母、数字和标点符号。莫尔斯电码使用两种符号，分别为“点”（·）和“划”（-），或叫

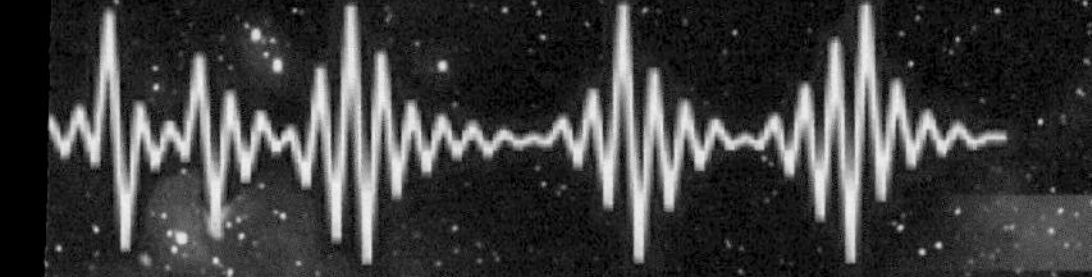

“滴”（dit）和“答”（dah）。但是它不同于只使用 0 和 1 两种状态的二进制代码，它的代码包括以下 5 种。为了便于理解，用“1”表示“点”，用“111”表示“划”，用“0”表示“停顿间隔”。

（1）点（·）：1。

（2）划（-）：111。

（3）字符内部的停顿间隔（在点和划之间）：0。

（4）字符之间的停顿间隔：000。

（5）单词之间的停顿间隔：0000000。

常用的莫尔斯电码如图 5.1 所示。“点”的长度决定了发报的速度，并且被当作发报时间参考。“划”一般是 3 个“点”的长度；“点”“划”

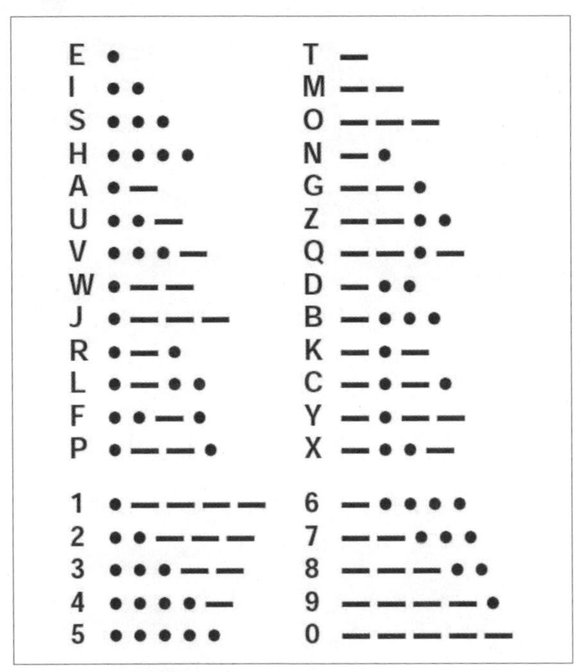

图 5.1　常用的莫尔斯电码

之间的间隔是一个“点”的长度；字符之间的间隔是 3 个“点”的长度；单词之间的间隔是 7 个“点”的长度。一段莫尔斯电码的示例信号频谱瀑布图如图 5.2 所示。

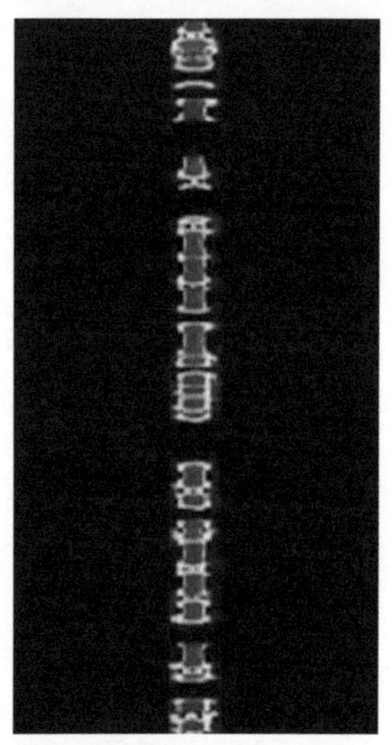

图 5.2　莫尔斯电码信号频谱瀑布图

根据国际电联 ITU-R M.1677-1 建议书，国际莫尔斯电码有如下发送通则。

（1）两站之间的所有通信应以呼叫信号开始。对于呼叫，除非对所用设备类型有特别的规定，主叫站应发送所需站的呼号（不得超过两次）、加上字母“DE”并随后附上自己的呼号、表示优先电报的适当业务缩写词、表示呼叫原因的标志和 K“–・–”符号。呼叫应以人工发报的正常速度进行。

（2）被叫电台必须通过发送主叫电台的呼号加上“DE”并附上自己的呼号以及邀请发射信号 K“–・–” 给予回答。

如果被叫电台无法接收，需给出等待信号 AS“・・・・–”。如果被叫电台认为等待将超过 10min，需给出原因和等待的时间。

当被叫电台未回答时，主叫电台可以适当的间隔重复呼叫。

当被叫电台未回答重复呼叫时，主叫电台需要检查通信系统是否存在故障。

（3）发送双连字符 BT“–・・・–”作为分隔符，用于区分报头和业务标志、各种业务标志、业务标志和地址、收报站和电文、电文和签名。

（4） 在非紧急情况下，双方一旦开始发送信号，则不得为更高优先级的通信让位而中断通信。

（5） 每一次通联必须发送 AR“·－·－·”表示停止通信。

（6）在发送 AR“·－·－·”表示停止通信后，随附邀请发射信号 K “－·－”表示我方通信已结束并邀请对方发送信号。

（7）双方均需发送通联结束符号 SK“·····－·－” 表示本次通联结束。

5.1.3 莫尔斯电码的EME消息格式

EME 通信在采用连续波制式时通常多次重复发射，核心传输内容可通过多个较强信号片段组合的模式来进行恢复，以实现最低限度的通联。按照惯例，连续波 EME 通信采用类似于表 5.1 中的消息序列。

表 5.1　EME 通信中的典型消息

周期	消息
1	CQ CQ CQ DE W6XYZ W6XYZ
2	W6XYZ DE K1ABC K1ABC
3	K1ABC DE W6XYZ OOO OOO
4	W6XYZ DE K1ABC RO RO RO
5	K1ABC DE W6XYZ RRR RRR
6	W6XYZ DE K1ABC TNX 73

标准的 QSO 通联消息是顺序发送的，并且操作者只有在收到了基本信息（呼号、信号报告、确认）后才继续处理下一条消息。收到对

方呼号，需要发送信号报告。因为连续波的长音比短音更容易辨别，所以默认的 EME 信号报告是字母“O”，意指“我已经收到了两个呼号”。一个电台接收到呼号和 “O”，回复“RO”，并且以“RRR”表示一个有效通联的最终确认。在 432MHz 及更高的频段上，有时使用字母 “M”表示“双方呼号都已艰难地收到”。当信号强度能够保证正确接收时，一般使用常规的“RST”（可读性、信号强度和音调）体系作为信号报告，并可以适当放宽对消息结构和时间的限制。

一般来说，EME 通信的莫尔斯电码的传输速度介于 12 ~ 15 B/min。如果发报速度过慢的话，由于 EME 通信链路存在较强的不稳定性，会导致多个传输片段的信号幅度衰落较大而无法正常解析；如果发报速度过快的话，接收内容将会混杂不堪，增大解调难度。根据经验，在 EME 通信过程中，使用比常规间隙稍大一些的单词间隙可提高通信效率。

5.2 数字制式

5.2.1 数字制式的基本概念

在介绍 EME 所采用的数字制式之前，有必要先介绍一下数字调制的基本概念。所谓“调制”，可以简单理解为将需要传送的信息转换为适合于通信传输的某种信号，一般是对某一个特定频率正弦波的幅度、频率、相位进行规律性的改变，来加载调制的信息。对应的调制方式也称为调幅、调频、调相。而“数字调制”是指将传输信息转换为“01”比特流，再进行调制的过程。图 5.3 为二进制 FSK 调制原理图，通过“01”序列周期性交替切换传输信号的频率，实现信息的传输。业余无线电中的数字制式大多采用多进制 FSK 调制，不同频率载波切换的速率可以称为符号速率或波特率，若切换更多的频率，则称为多进制调制信号。

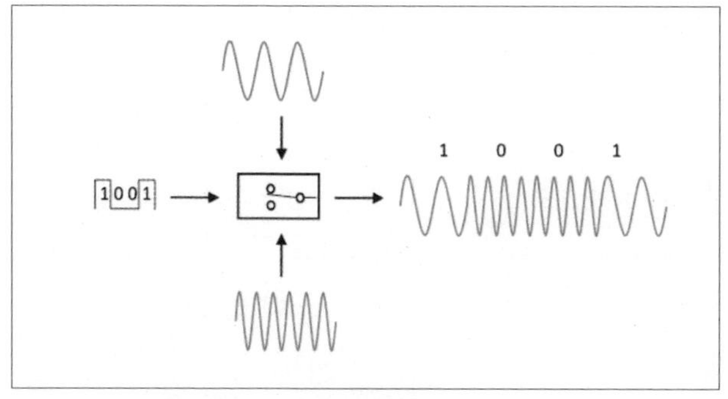

图 5.3　二进制 FSK 调制原理

5.2.2 EME的典型数字制式

在业余无线电中已有多种多样的数字制式得到广泛应用，它们有着不同的参数、特点及应用范围。目前大部分数字制式均由业余无线电的标志性人物——诺贝尔物理学获奖者乔·泰勒（Joe Taylor,K1JT）开发，在介绍 EME 数字制式之前，我们不妨先梳理一下主流数字制式的主要参数、特点和用途，详见表 5.2。

从表 5.2 中可以看出，EME 通信制式一般选择耐受信噪比较低、收发时间较长、通信稳定性较高的制式。乔·泰勒于 2003 年、2004 年和 2016 年分别设计了用于 EME 通信的 JT65、JT4 和 QRA64 这 3

表 5.2　典型业余无线电数字通信制式汇总

名称	调制方式	波特率（Bd）	音调间隔（Hz）	频宽（Hz）	收发时间（s）	信噪比（dB）	子模式	用途
JTMS	MSK	1378	689	2067	30	-1	-	流星余迹通信
FSK441	4FSK	441	441	1764	31	-1	FSK315	流星余迹通信
MSK144	OQPSK	2000	441	2400	30	-8	“短握手”消息	流星余迹通信
ISCAT	42FSK	21.5	21.5	905	30	-17	B 模式速率，频宽高一倍	电离层散射
JT6M	44FSK	21.5	21.5	947	30	-10		电离层散射通信
JT4	4FSK	4.375	4.375 ~ 315	17.5 ~ 1260		-23 ~ -17	A~G，A 频宽小、最灵敏	微波段 EME 通信
QRA64	64FSK	1.736 ~ 27.778	1.736 ~ 27.778	111.1 ~ 1751.7	60	-26 ~ -22	A~E，A 频宽小、最灵敏	VHF/UHF 段 EME 通信
JT65	65FSK	2.7	2.69/5.38/10.77	178/355/711	60/30	-25 ~ -21	A、B、C、B2、C2	VHF/UHF 段 EME，HF/MF 低功率通信
JT9	9FSK	1.736 ~ 222.222	1.736 ~ 222.222	15.6 ~ 1779.5	60	-27 ~ -20	A~H，A 频宽小、最灵敏	LF/HF/MF 低功率通信
FT8	8FSK	6.25	6.25	50	15	-21	远征模式	HF 低功率通信

注：信噪比为信号功率与 2.5kHz 带宽下测量得到的噪声功率比值。

种调制方式，其中绝大部分 EME 通联采用 JT65 制式，JT65 子模式的主要参数如表 5.3 所示。之后我们将对该模式的基本概念、主要参数和特点进行介绍。

表 5.3 JT65 子模式主要参数

子模式名称	调制方式	主要使用频率（MHz）	波特率（Bd）	音调间隔（Hz）
JT65A	65FSK	50	2.7	2.7
JT65B1		144/432	2.7	5.4
JT65B2		144/432	5.4	5.4
JT65C1		1296	2.7	10.8
JT65C2		1296	5.4	10.8

JT65 中的“JT”为 Joe Taylor 的简写，“65”代表其调制方式为 65 个频率音的 FSK 信号。JT65 有 3 个子模式，它们的信号频谱瀑布图如图 5.4 所示。

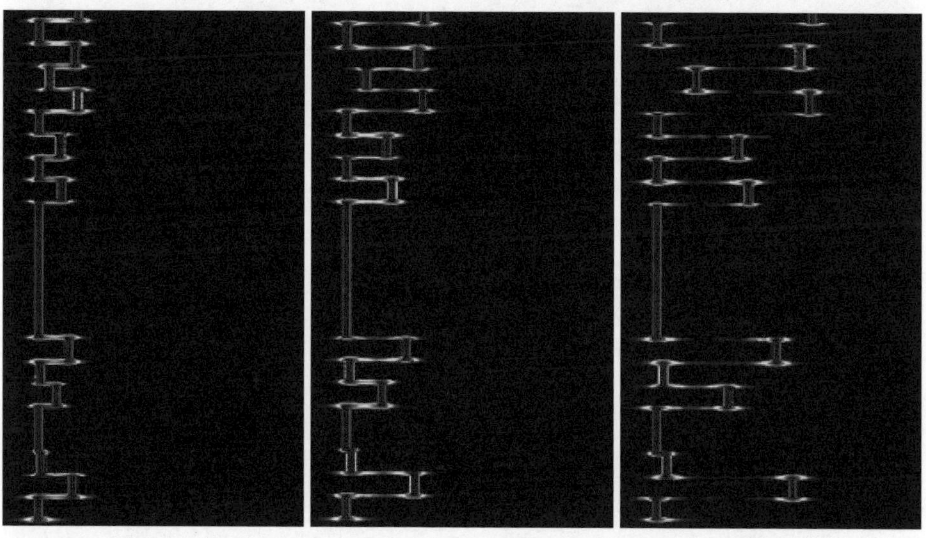

图 5.4 JT65A（左）、JT65B（中）和 JT65C（右）的信号频谱瀑布图

在时域上，JT65 的每次传输在 UTC 时间的整分钟内，在 t = 1s 时开始，在 t= 47.8s 时结束，然后用 4s 的时间解码。在 65 个调制音中，1 个调制音用于信号的同步，它占用了一半发射功率，其他 64 个调制音用于信息传输。典型的 JT65 EME 通信信号频谱图如图 5.5 所示，左侧相对恒定的垂直线表示用于同步信号的调制音，其他 64 个调制音用于传输信息。

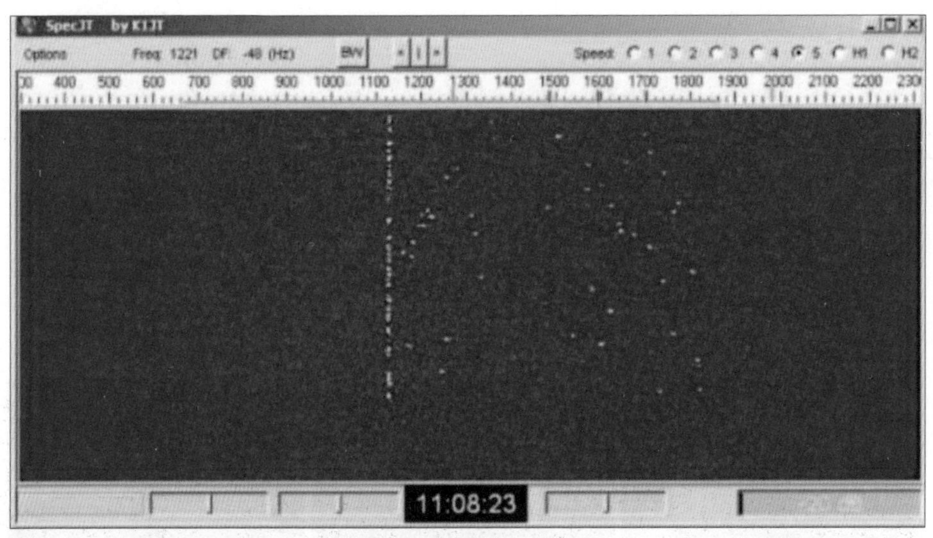

图 5.5　典型的 JT65 EME 通信信号频谱图

JT65 的典型消息格式如表 5.4 所示，包括简写消息和长消息两种，简写消息包含为梅登海德（Maidenhead）网格定位器预留的空格，如第 2 列 2、3 行的“CN87”“FN42”。一般而言，只有复制了上一步的信息以后，才可以继续下一个通联。默认信号报告可以“OOO”为结尾发送，但是大多数爱好者更喜欢发送和接收由软件测量的数字信号报告。WSJT 软件可以测量以 dB 为单位的信号强度与 2500Hz 标准带宽下的噪声功率的比值，即信噪比，如表 5.4“使用长消息”列中第 3、4 行消息结尾处的“-21”“-19”。

表 5.4 JT65 制式典型的消息格式

时段	使用简写消息	使用长消息
1	CQ W6XYZ CN87	CQ W6XYZ CN87
2	W6ZYZ K1ABC FN42	W6XYZ K1ABC FN42
3	K1ABC W6XYZ CN87OOO	W6XYZ K1ABC -21
4	RO	W6XYZ K1ABC R -19
5	RRR	K1ABC W6XYZ RRR
6	73	TNX RAY 73 GL

图 5.6 所示是 WSJT 软件的界面。左上方的方框中显示的是接收到的信号，下面的列表框提供了信号参数和传输条件等详细信息。其中上面框图中显示的 3 条曲线分别代表同步信号幅度：时间（蓝色）、信号幅度：频率（红色）和信号幅度：时间（绿色）。右上角 4 个参数和中间框图传输参数的定义如下。

Az：月球当前水平方位角，单位为°。

El：月球当前仰角，单位为°。

Dop：地球和月球的多普勒频移，单位为 Hz。

Dgrd：相对路径损耗度量，一般绝对值大于 5 则认为损耗较大，不宜进行 EME 通信。

Sync：同步位数。

dB：接收信噪比 (-30 ~ -1dB)。

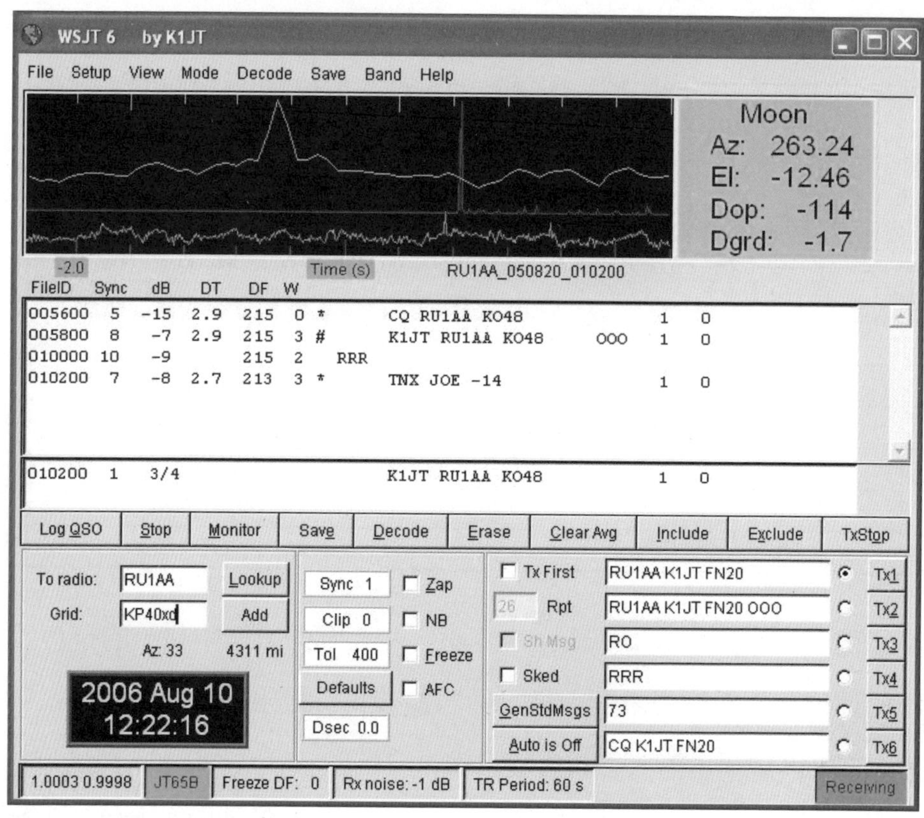

图 5.6 WSJT 软件的界面

DT：根据接收到的信号与本地时钟计算出的时间偏移值，典型值范围是 0.3 ~ 2.9s，正值表示接收时间比计算时间落后，负值表示接收时间比计算时间提前。

DF：与中心频率的频偏值，单位为 Hz。

W：同步信号宽度，“0”表示没有检测到同步信号，“#”表示解出的为带有“OOO”的信息，“*”表示信息正常。

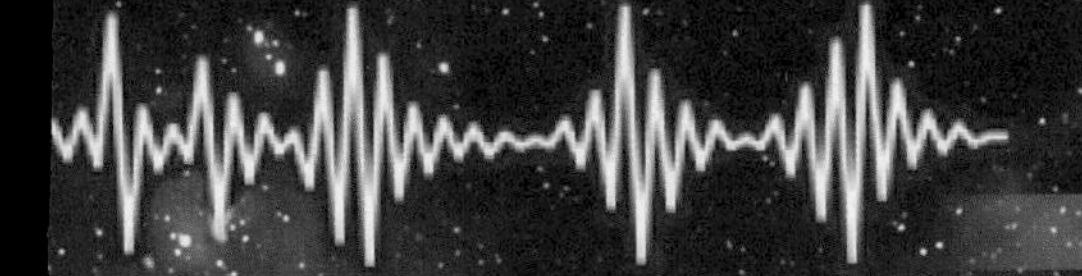

5.2.3 JT65的主要特点

1. 传输可靠

JT65 采用了同步传输模式，即收发双方约定好了通信的绝对起止时间，并引入了高冗余度的信道编码技术，大幅度提高了 EME 通信的可靠性。所谓信道编码，即在传输过程中插入一定比例人为设计的特定码字，可以有效检测并纠正传输过程中的信息错误，以保证信息可以正确解调。具体来说，JT65 将 72bit 的信源信息编码为 378bit，即加入了多达 4 倍以上的冗余信息。图 5.7 所示为 Message #1 ~ Message#3 消息经过信道编码后的结果示例。相比于莫尔斯电码，JT65 的传输可靠性更高。

```
Message #1:  G3LTF DL9KR JO40
Packed message, 6-bit symbols:  61 37 30 28  9 27 61 58 26  3 49 16
Channel symbols, including FEC:
   14 16  9 18  4 60 41 18 22 63 43  5 30 13 15  9 25 35 50 21  0
   36 17 42 33 35 39 22 25 39 46  3 47 39 55 23 61 25 58 47 16 38
   39 17  2 36  4 56  5 16 15 55 18 41  7 26 51 17 18 49 10 13 24

Message #2:  G3LTE DL9KR JO40
Packed message, 6-bit symbols:  61 37 30 28  5 27 61 58 26  3 49 16
Channel symbols, including FEC:
   20 34 19  5 36  6 30 15 22 20  3 62 57 59 19 56 17 35  2  9 41
   10 23 24 41 35 39 60 48 33 34 49 54 53 55 23 24 59  7  9 39 51
   23 17  2 12 49  6 46  7 61 49 18 41 50 16 40  8 45 55 45  7 24

Message #3:  G3LTF DL9KR JO41
Packed message, 6-bit symbols:  61 37 30 28  9 27 61 58 26  3 49 17
Channel symbols, including FEC:
   47 27 46 50 58 26 38 24 22  3 14 54 10 58 36 23 63 35 41 56 53
   62 11 49 14 35 39 60 40 44 15 45  7 44 55 23 12 49 39 11 18 36
   26 17  2  8 60 44 37  5 48 44 18 41 32 63  4 49 55 57 37 13 25
```

图 5.7 典型 JT65 信道编码示例

2. 低信噪比

JT65 制式解调所需的信噪比比连续波制式低 5 ~ 10dB，这对爱好者而言，就是对发射功率和天线的要求显著降低。采用连续波制式进行通信时，至少需要庞大的 4 阵列八木天线和千瓦级的发射功率，而采用 JT65 制式进行通联，可采用单八木天线和 100 ~ 200W 发射功率进行通联，明显降低了业余爱好者参与 EME 通信活动的门槛。

5.3 结语

为了便于对比，现将莫尔斯电码与 JT65 两种通信制式的比较列为表 5.5。可以看出，虽然 JT65 在制式复杂度、传输效率、占用带宽等方面略逊于莫尔斯电码，但在通联信噪比、可靠性等关键要素上有明显的优势。总体而言，使用 JT65 等数字制式代替莫尔斯电码进行 EME 通信是大势所趋。同时，我们也应进一步关注 QRM64、JT9 等新制式在 EME 通信中的应用，以期进一步提升 EME 通信的通联效果。

表 5.5　莫尔斯电码与 JT65 两种通信制式的比较

比较内容	莫尔斯电码	JT65
调制方式	CW	65FSK
带宽	约 50Hz	175Hz/350Hz/700Hz(A/B/C 模式)
可靠性	较低	高
制式复杂度	较低	较高
可检测信噪比	约 -15dB	-25 ~ -21dB
传输效率	较高	较低

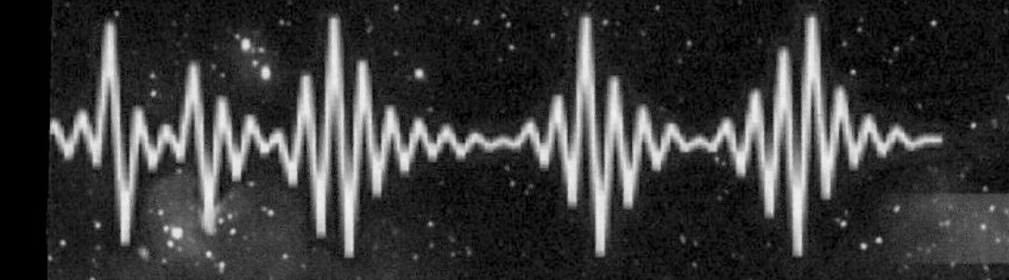

第 6 章 EME 通联

经过前 5 章的介绍，相信各位对 EME 通信已经有所了解了。我们除了需要了解通信基础知识，还需要掌握相关的天文、地理知识，才能玩好 EME 通信。各位有没有摩拳擦掌打算支起一门“大炮”（高功率发射设备），瞄准月球试验一番？本章为您介绍一些实用的操作经验和技巧。

6.1 执照准备

在开始 EME 通信之前，首先要确保你具有相应的业余无线电台操作技术能力，并且拥有一份合法的业余无线电台执照。从 2013 年 1 月 1 日起，工业和信息化部公布的《业余无线电台管理办法》开始施行，任何打算设置使用业余无线电台的单位和个人都必须向无线电管理机构提出书面申请，得到许可，并且领取电台执照后方可使用。否则属于擅自设置、使用无线电台的非法行为。提出设台申请需要准备的材料如图 6.1 所示。各地设台申请的流程大同小异，通常都是经过填写申请表、设备检测核验、行政审批 3 个步骤获取电台执照，关于设台

第七条 申请设置业余无线电台，应当向设台地地方无线电管理机构提交下列书面材料：

（一）《业余无线电台设置（变更）申请表》；

（二）《业余无线电台技术资料申报表》；

（三）个人身份证明或者设台单位证明材料的原件、复印件。申请人为单位的，还应当提交其业余无线电台负责人和技术负责人身份证明材料的原件、复印件；

（四）具备相应操作技术能力证明材料的原件、复印件。

地方无线电管理机构在验证前款第三项、第四项规定的证明材料的真实性后，应当及时将原件退还申请人。

图 6.1　申请设置业余无线电台所需要的材料

申请的详细信息，读者可以咨询当地无线电管理部门。

6.2 通信准备

第 2 章介绍了月球是地球的卫星，它围绕地球运行，运行轨迹呈椭圆形，如图 6.2 所示。月球的近地点约 3.6×10^5km，远地点约

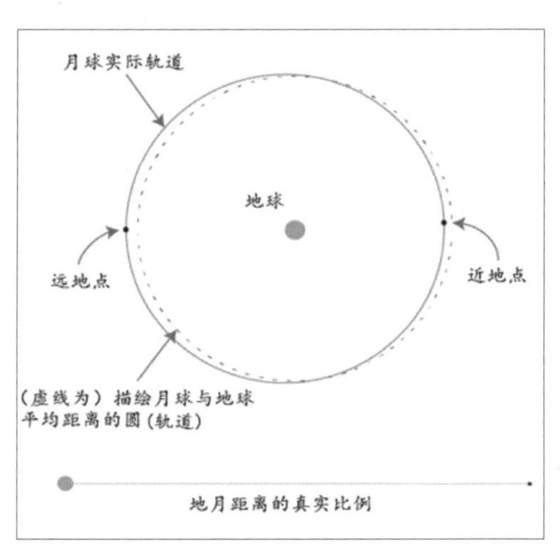

图 6.2　月球近地点和远地点

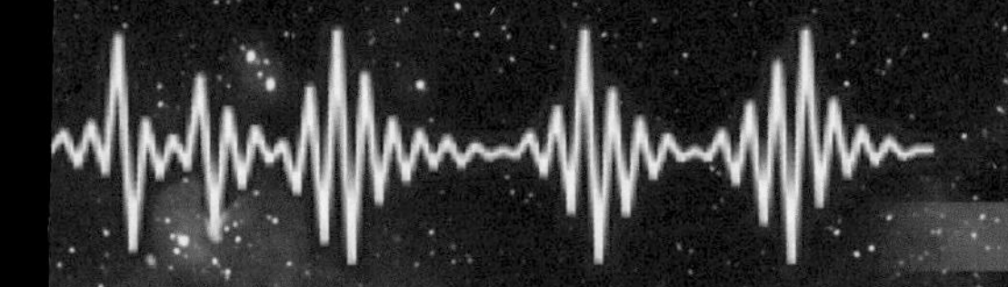

4×10^5km，地月的平均距离约 3.8×10^5km。

若在 144MHz 频段进行 EME 通信，无线电信号在通信路径中的损耗可达 252dB；若选择 UHF 的 2.4GHz 频段，损耗高达 293.5dB。

由第 3 章的分析和介绍可知，EME 通信的传播遵循自由空间的传播模型，在相同频率的条件下，最大的能量损耗源于传播距离。

$$L=32.45+20\lg f+20\lg d \quad (6.1)$$

在公式（6.1）中，L 表示路径传输损耗，单位为 dB；

f 表示工作频率，单位为 MHz;

d 表示路径距离，单位为 km。

为克服距离带来的路径损耗，通常最好的操作时机是在月球处于近地点的时候，因为此时电波的路径损耗最小，近地点相对于远地点的损耗可减少约 2dB。

6.2.1 通信时间选择

1. 近地点的周期

距离是影响 EME 通信的重要因素，近地点自然成为首选。但因月球和地球在空间受到太阳引力和天体自身的不规则形状的影响，其轨道出现摄动，即在每个轨道周期内的近地点和远地点存在变化，表 6.1 给出了 2020—2022 年每个月球周期的近地点和远地点出现的时间。

在每个自然年中，有 13 或 14 个月球近地点和远地点，2001—2100 年间的所有近地点、远地点数据都可通过网站（Moon at Perigee

表 6.1　2020—2022 年每个月球周期的近地点和远地点出现的时间

年份	近地点		远地点	
2020	时间	距离（km）	时间	距离（km）
1			1 月 2 日 01:30	404 580
2	1 月 13 日 20:20	365 964	1 月 29 日 21:28	405 390
3	2 月 10 日 20:31	360 464	2 月 26 日 11:35	406 277
4	3 月 10 日 06:33	357 123	3 月 24 日 15:23	406 690 M
5	4 月 7 日 18:08	356 909 m	4 月 20 日 19:01	406 463
6	5 月 6 日 03:03	359 656	5 月 18 日 07:45	405 584
7	6 月 3 日 03:26	364 366	6 月 15 日 00:56	404 597
8	6 月 30 日 02:09	368 958 M	7 月 12 日 19:27	404 201 m
9	7 月 25 日 04:54	368 367	8 月 9 日 13:51	404 658
10	8 月 21 日 10:59	363 513	9 月 6 日 06:31	405 606
11	9 月 18 日 13:44	359 081	10 月 3 日 17:22	406 321
12	10 月 16 日 23:46	356 913	10 月 30 日 18:46	406 393
13	11 月 14 日 11:48	357 839	11 月 27 日 00:29	405 891
14	12 月 12 日 20:42	361 777	12 月 24 日 16:32	405 010
2021	时间	距离（km）	时间	距离（km）
1	1 月 9 日 15:39	367 390	1 月 21 日 13:11	404 361
2	2 月 3 日 19:33	370 127 M	2 月 18 日 10:22	404 467
3	3 月 2 日 05:19	365 422	3 月 18 日 05:04	405 253
4	3 月 30 日 06:12	360 311	4 月 14 日 17:47	406 120
5	4 月 27 日 15:24	357 379	5 月 11 日 21:54	406 512 M
6	5 月 26 日 01:52	357 310	6 月 8 日 02:27	406 230
7	6 月 23 日 09:58	359 960	7 月 5 日 14:48	405 342
8	7 月 21 日 10:30	364 520	8 月 2 日 07:35	404 412
9	8 月 17 日 09:23	369 127	8 月 30 日 02:22	404100 m
10	9 月 11 日 10:05	368 464	9 月 26 日 21:44	404 641
11	10 月 8 日 17:28	363 388	10 月 24 日 15:30	405 616
12	11 月 5 日 22:23	358 845	11 月 21 日 02:14	406 276
13	12 月 4 日 10:01	356 794 m	12 月 18 日 02:16	406 322

续表

年份	近地点		远地点	
2022	时间	距离（km）	时间	距离（km）
1	1月1日23:00	358 037	1月14日09:27	405 806
2	1月30日07:09	362 250	2月11日02:39	404 897
3	2月26日22：18	367 787	3月10日23:05	404 268 m
4	3月23日23:28	369 764 M	4月7日19:11	404 438
5	4月19日15:16	365 143	5月5日12:46	405 287
6	5月17日15:23	360 298	6月2日01:14	406 191
7	6月14日23:21	357 434	6月29日06:08	406 581 M
8	7月13日09:08	357264 m	7月26日10:22	406 276
9	8月10日17:14	359 830	8月22日21:53	405 419
10	9月7日18:17	364 491	9月19日14:44	404 556
11	10月4日17:01	369 335	10月17日10:21	404 330
12	10月29日14:48	368 289	11月14日06:41	404 924
13	11月26日01:30	362 826	12月12日00:30	405 869
14	12月24日08:32	358 270		

注：M代表最远的近地点和最远的远地点，m代表最近的近地点和最近的远地点。

and Apogee: 2001 to 2100）查询。

在大的时间尺度上，月球的最佳近地点位置以8.85年（3233天）为一个周期。然而，也不是只有在最佳通信时期才能较好地进行EME通信，毕竟近地点变化引起的损耗差值只有0.05dB左右。

统计2001—2040年每年的近地点平均距离如图6.3所示，可以看出每隔4年左右就是一个较好的EME通信年份。当然即使在其他年份也有相对较好的月球近地点时期，同样适于进行EME通信。

值得一提的是人们熟知的“超级月亮”现象。月球有两个周期：

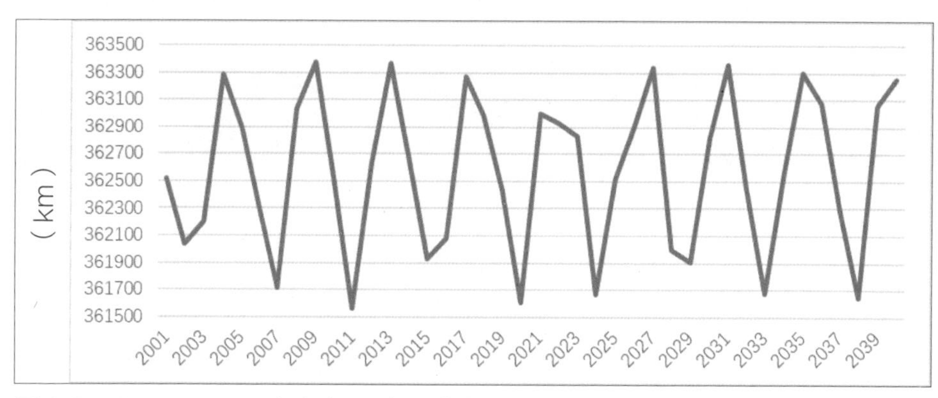

图 6.3　2001—2040 年每年月球近地点平均距离

一个是地球观察月亮形状变化的满月周期，平均持续 29.53 天；另一个是近地点月周期，作为地球的卫星，月球每隔约 27.55 天就会达到近地点。这两个不同的周期，使得每年有三四次近地点时期适逢满月，这时会出现“超级月亮”。只要“超级月亮”出现，那么这段时间肯定是一个适合 EME 通信的窗口期。

在小的时间尺度上，处于稳定夜间条件的满月是进行 EME 通信操作的有利时机。如图 6.4 所示，在月亮的 4 个月相（新月、上弦月、满月和下弦月）中，在新月前后一两天，由于太阳噪声比较大，并不适宜进行 EME 通信。在能看见月亮的白天，由太阳引起的电离层扰动会降低 EME 通信质量，因此，通常在夜间进行 EME 通信比较好。每隔 27 天左右，月球就会在近地点出现，但是由于地球自转周期是 24 小时，所以每次“近距离”接触的时间都不同，每天看到月亮升到相同的位置和时间也不同，基本规律如表 6.2 所示。

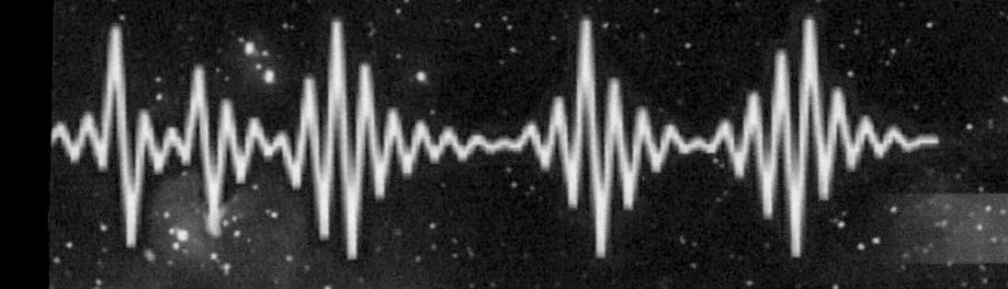

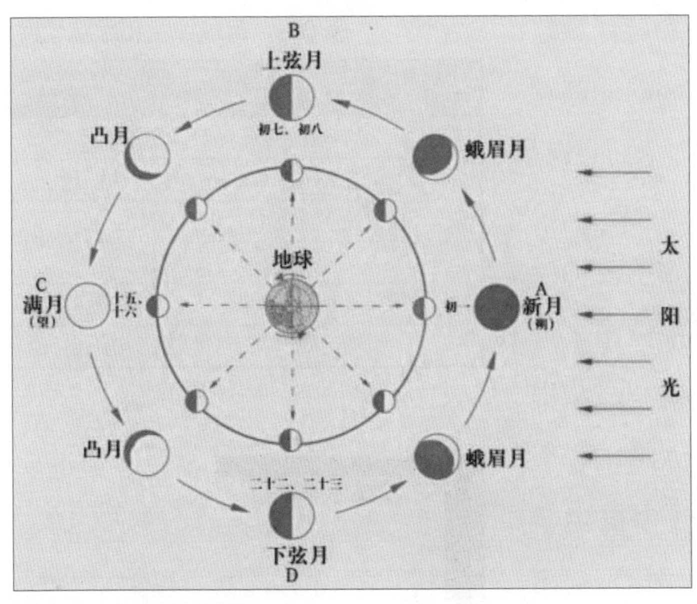

图 6.4 月相示意图

表 6.2 月球观测时间和基本规律

日期	可见时间	规律	月相
农历初一	白天	东方升起，日月同升落	新月
农历初七、初八	下午持续到上半夜	上半夜在西方可见	半月
农历十五	整夜	日落后再东方	满月
农历二十二、二十三	后半夜到上午	后半夜从东方升起	月亏

2. 月球探测跟踪

由于月球在天空的移动速度比较慢，而且天线发出的信号能覆盖月球的可见面，在简易条件下，可以采用手动追踪的方式设置天线的指向性。当然，在条件允许的情况下电动控制天线的角度更为方便，或者采用星历计算软件，使天线自动跟踪月球运转，更加省心省力。

卫星星历解读软件 Orbitron 给出了月球的实时观测角和相对位置，如图 6.5 所示。表 6.3 也提供了一些其他的月球探测和跟踪软件。

表 6.3　月球探测和跟踪软件

序号	软件名称
1	MoonSked, by GM4JJJ
2	EME System, by F1EHN
3	EME2008, by VK3UM
4	SkyMoon, by W5UN
5	GJTracker, by W7GJ
6	WSJT, by K1JTWeb calculator

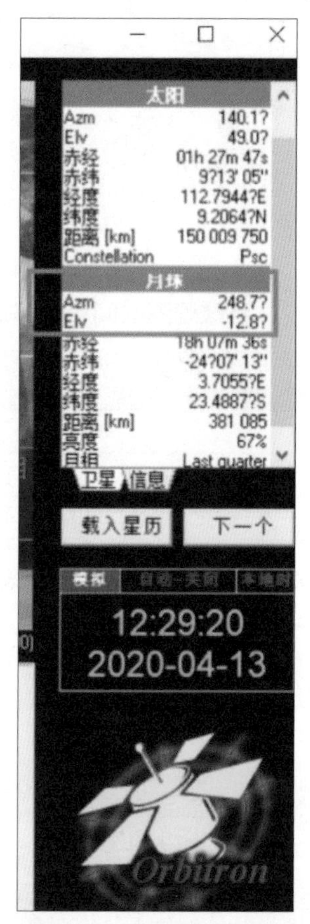

图 6.5　软件预测的月球观测方位（Orbitron）

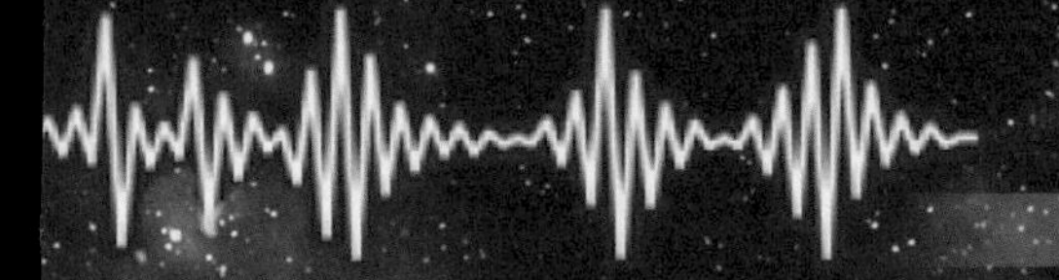

3. 噪声和增益考虑

太阳和星系空间产生的宇宙噪声会影响电台接收、检测弱信号的能力，当月相呈新月时，电台受太阳噪声的影响最大。

对于处于北半球的电台，月球在空中位于远南端时，纬度越高的电台看到的月亮越小，此时高纬度电台很难互相联通，因此月球从其向北倾斜角度最大的位置转向天空南方时，通信条件最理想。

经过长期的观测实验，月球在天线水平方向（或有 5° ～ 8° 的较小仰角），即天线可指向月球升起或者下落的地平线方向，可以得到 6dB 的地面增益，容易获得较好的通信效果。EME 通信的时机选择基本遵从表 6.4 所示的条件，每个条件发生的时刻，就是最佳的 EME 通信时机。

表 6.4 EME 通信时机

时间选择	条件 1	条件 2	条件 3	条件 4
近地点	近地点较小时期	减小太阳噪声、宇宙噪声	利用地面增益	考虑收发同时可见月球
每个运动周期 1 次，全年 13～14 次	约每 4 年一次，“超级月亮”	避开新月期，日月同升落	月升时刻，观测仰角较小	满月当空

6.2.2 通信地点选择

那么如果我们处在最佳的通信时期，能和哪些地区的电台完成 EME 通信呢？由于观测的视角不同，对于南北半球的人们来说，看到的月相（月球盈亏造成明暗的部位）是不同的，南北半球相反，但不同的月相不影响 EME 通信的效果，如图 6.6 所示。

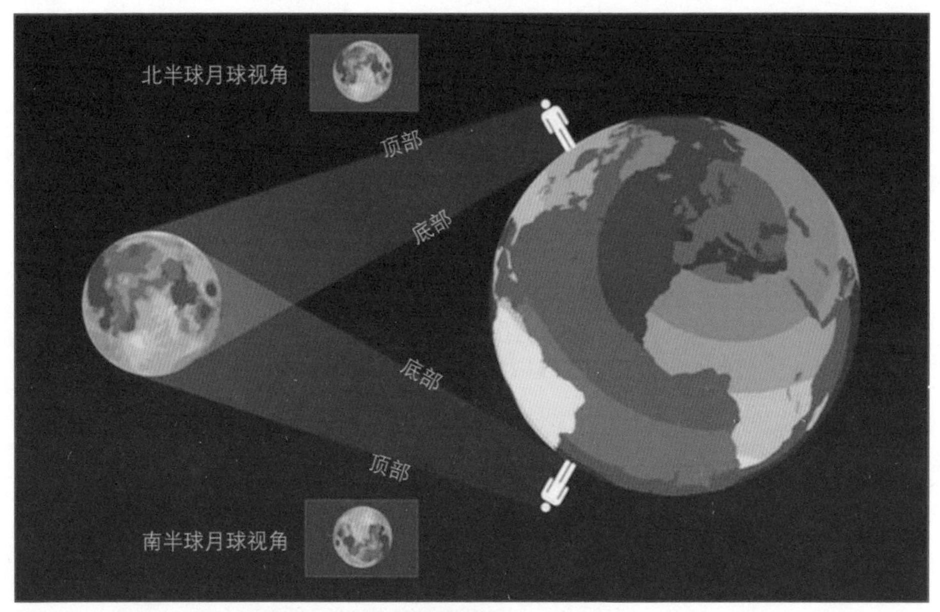

图 6.6　南北半球看到的不同月相示意图

若图 6.6 中的南北半球同时可见的区域反射来自地球的信号，则南北半球可完成通信。同为北半球的东方和西方（如中国和北美洲国家的经度相差 180°），当月球靠近我国东部地区时，我们可与美国的电台进行 EME 通信；当月球靠近我国西部时，我们可与欧洲的电台进行 EME 通信；当月球靠近我国的南方时，我们可与南半球的电台进行 EME 通信。

可以说进行 EME 通信的条件是通信双方都必须都能够同时看到月球，这个时间叫作月球窗口。通过一些月球跟踪软件（见表 6.3）可以

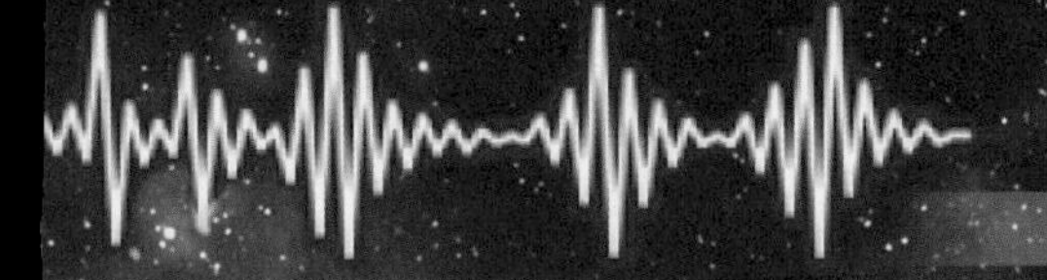

很直观地实时了解月球窗口所覆盖的地域，这样就知道 EME 通信所能通联的电台位置。收发的仰角近似相等时最为合适，由此决定了北半球两个电台之间可共同操作的窗口（例如中国和美国的电台、中国与欧洲国家的电台），因此，北半球地区电台的最佳 EME 操作条件应该是以月亮的最高仰角建立的。

总之，在满足上节通信时间选择的 4 个条件下，再结合通信地点选择的双方电台的月球窗口就能完成较高质量的 EME 通信。

6.2.3 通信频率选择

国际电信联盟（ITU）的规则性文件《无线电规则》，将全球划分为 3 个区域，我国在第 3 区。在《无线电规则》的频率划分中，每个区域对无线电业务的频率划分各有不同。

业余无线电爱好者所进行的 EME 通信在无线电业务分类中属于业余业务（Amateur Service），通信频率的选择应符合业余业务的频率划分。由于 EME 通信通常是跨区域的，因此通信频率的选择需考虑全球 3 个区域的业余业务频率划分。表 6.5 总结了全球 3 个区域的业余业务频段划分情况。

从表 6.5 可以看出，我国的业余业务可用的无线电频率资源较为丰富，这为我国的爱好者与全球的爱好者开展 EME 通信奠定了基础。

目前世界上可进行 EME 通信的业余电台有千余座，受电波传播特性、天线以及器材等因素的影响， EME 通信通常使用超短波（VHF）

表 6.5　全球 3 个区域的业余业务频率划分情况

频段	业务分类	频带宽度	划分情况	EME 通信使用情况
135.7 ~ 137.8kHz	次要	2.1kHz	1 区 /2 区 /3 区	
1800 ~ 2000kHz	主要	200kHz	1 区 1810 ~ 1850kHz 2 区 /3 区 1800~2000kHz	
3500 ~ 4000kHz	主要	500kHz	1 区 3500 ~ 3800kHz 2 区 3500 ~ 4000kHz 3 区 3500 ~ 3900kHz	
5351.5 ~ 5366.5kHz	次要	15kHz	1 区 /2 区 /3 区	
7000 ~ 7100kHz*	主要	100kHz		
7100 ~ 7200kHz	主要	100kHz		
7200 ~ 7300kHz	主要	100kHz	仅 2 区	
10100 ~ 10150kHz	次要	50kHz	1 区 /2 区 /3 区	
14000 ~ 14250kHz*	主要	250kHz		
14250 ~ 14350kHz	主要	100kHz		
18068 ~ 18168kHz*	主要	100kHz		
21000 ~ 21450kHz*	主要	450kHz		
24890 ~ 24990kHz*	主要	100kHz		
28 ~ 29.7MHz*	主要	1.7MHz		
50 ~ 54MHz	主要	4MHz	2 区 /3 区	常见
144 ~ 146MHz*	主要	2MHz	1 区 /2 区 /3 区	常见
146 ~ 148MHz	主要	2MHz	2 区 /3 区	
220 ~ 225MHz	主要	5MHz	仅 2 区	
430 ~ 440MHz	主要 / 次要	10MHz	1 区 /2 区 /3 区	常见
902 ~ 928MHz	次要	26MHz	仅 2 区	